微贮水泥窖

微贮土窖

U0208524

铡碎秸秆中混合
5%的玉米粉

菌种复活时间

菌种复活温度

加入食盐(1千克食盐／100升水)

泼洒菌种稀释液

踩实秸秆

塑料膜微贮

3

塑料膜微贮效果

袋式微贮

秸秆粉碎机

4

农作物秸秆饲料微贮技术

李延云　编著

金盾出版社

内 容 提 要

本书由农业部规划设计院李延云高级工程师编著。内容包括：农作物秸秆微贮概述，秸秆微贮饲料的原料，秸秆处理机械与设备，几种商品秸秆发酵剂及其使用方法，常用菌种培养的简易操作技术。本书较系统、全面地介绍了目前我国农作物秸秆微贮的新技术和新经验。文字简练，通俗易懂，内容丰富，技术实用。可供养牛（羊）场、养牛（羊）户、基层畜牧技术人员和农业院校相关专业师生阅读参考。

图书在版编目(CIP)数据

农作物秸秆饲料微贮技术/李延云编著. —北京:金盾出版社,2005.6

ISBN 978-7-5082-3569-1

Ⅰ.农… Ⅱ.李… Ⅲ.秸秆-生物处理 Ⅳ.S816.5

中国版本图书馆 CIP 数据核字(2005)第 025350 号

金盾出版社出版、总发行

北京太平路 5 号(地铁万寿路站往南)

邮政编码:100036　电话:68214039　83219215

传真:68276683　网址:www.jdcbs.cn

彩色印刷:北京百花彩印有限公司

黑白印刷:北京兴华印刷厂

装订:双峰装订厂

各地新华书店经销

开本:787×1092 1/32　印张:4.125　彩页:4　字数:114 千字

2009 年 3 月第 1 版第 3 次印刷

印数:17001—25000 册　定价:7.00 元

(凡购买金盾出版社的图书,如有缺页、
倒页、脱页者,本社发行部负责调换)

前　言

我国秸秆饲料资源非常丰富,分布广泛,各种可供饲用的秸秆及秧、蔓总产量5亿吨左右。秸秆中含有植物光合作用所积累的一半以上能量,开发利用潜力很大。合理开发利用这类秸秆,可以充分利用自然资源,为发展牛、羊等草食家畜养殖业提供物质基础,从而为建立低耗、高效、节粮型畜牧业创造条件,对促进我国畜牧业的发展具有重要的意义。

为了解决秸秆的利用问题,我国已经实施了秸秆养畜示范项目一期工程(1992～2000年)。项目实施以来,国家累计投入3.67亿元,地方政府配套近4亿元,在全国建立了13个示范区、380个示范县,直接推动了草食家畜生产的发展。实践证明,它对于推动我国畜牧业结构的调整、优化,增加农民收入,促进粮食生产与畜牧生产同步发展起到了重要作用。同时,这项措施也成为保护环境、改善生态和促进可持续发展的重要手段。从生态效益看,据专家估算,我国化肥利用效率只有30%多,近70%的有效肥分流入江河湖海,造成严重的农业污染。而大量秸秆过腹还田,有机肥大量施用,不仅可减少化肥用量,还可改良土壤,提高了土壤有机质含量,促进了农业增产,同时还减轻了农业污染问题。此外,秸秆过腹还田还配合了国家退耕还林、还草工程,能解决西部等地区的饲草短缺问题,保护了生态环境。

我国养殖业有一个基本特色,即85%的肉产品是由广大散养户提供的。这些散养户养殖水平低,呈高度分散状态,饲养畜禽数量少,饲养周期长,生产资金少,规模小,靠廉价劳动力和非常规饲料维持生产(如米糠、酒糟、泔水、秸秆、树叶等)。这些特点决定了散养户不可能大量使用粮食全价料,造成众多饲料厂生产的饲料卖不出去的现状,这一状况将长期存在。随着我国加入世界贸易组织和经济全球化的不断发展,我国饲料工业与养殖业正承受着国际市场的巨大冲击。如何做到既能降低饲料成本,又能充分满足畜禽的各种营养需要,这是一个亟待解决的严峻课题。据联合国粮农组织(FAO)统计资料表明,在美国约有73%的肉类由草转化而来,而我国仅有6%~8%的肉食由草(或秸秆)转化而来。国家2010年远景规划中提出:养殖业要主攻食草型和非粮耗型饲料。秸秆饲料处理后过腹还田,利用比例将达到40%。

我国科研人员自20世纪60年代就进行了秸秆生物处理技术的研究。根据仿生学的原理,研究了牛、羊等反刍类动物的消化机制及肠胃微生物区系。在牛瘤胃消化机理启发下,进行了瘤胃微生物的生物学分离、鉴定与纯培养技术的研究,以及瘤胃微生态人工模拟技术的探讨,取得可喜进展。20世纪90年代,现代生物工程技术高速发展,各种新技术不断涌现。"八五"期间在国家科委支持、联合国粮农组织(FAO)的援助下,引入美、澳等农业发达国家最新生物工程技术研究成果,主要进行了纤维分解菌系的筛选与人工诱变、杂交选育等方面的工作,培育出在自然条件下能迅速繁殖并高效分泌纤维分解酶系的工程菌。秸秆生物处理技术就是采用这种特殊的手段,在霉菌、担子菌、细菌及相关化学物质的综合作用下,进行一系列复杂的生物化学作用,改变秸秆的物理、化学性质。其所含的粗纤维降解为动物容易消化吸收的单糖、双糖、氨基酸等小分子物质,从而提高饲料的消化吸收率,起到饲料机械起不到的深度加工作用。同时,在秸秆生物处理过程中还产生并积累大量营养丰富的微生物菌体蛋白及其他有用的代谢产物,如有机酸、醇、醛、酯、维生素、抗生素、微量元素等,使饲料变软变香,营养增加。经生物技术处理的秸秆还含有多种消化酶、多种未知促生长因子,能增强动物的抗病能力,刺激其生长发育,有些代谢产物对饲料还具有防腐作用(如乳酸、醋酸、乙醇等),能延长饲料保质期。"十五"期间,又进一步探索利用纤维素酶和高产 SCP 菌种的混合菌发酵秸秆处理方法的研究,使玉米秸秆粗纤维利用率达到 70%以上。

目前,在我国畜牧业生产实践中,秸秆的微生物处理及微生物贮存(微贮)技术已经较为成熟。随着我国退耕还草和退耕还林政策的不断落实,各地都在实施反刍动物的圈养,秸秆的微生物处理技术在我国将会得到广泛的推广应用。当然,秸秆的微生物处理研究和应用技术还有待进一步提高,一些方法尚在进一步研究试验,各地可根据实际情况选择使用。

笔者根据多年科研和生产实践中的体会,结合国内外有关研究成果,综合整理编写成书。希望它在促进我国作物秸秆资源的合理利用、发展草食家畜生产、推动畜牧业更加迅速发展等方面发挥积极作用。同时,也希望为各种畜牧养殖场、畜牧养殖专业户及广大农民提供一本通俗易懂、简明扼要和操作性强的实用读物,以便于在生产中参考应用。

本书编写过程中尽力求其实用,但由于水平有限,书中难免有不妥之处,欢迎广大读者不吝指教。

编著者

2005 年 3 月

目 录

第一章 农作物秸秆微贮技术概述

秸秆微贮技术就是在农作物秸秆中加入微生物活性菌株,放入一定的容器(水泥池、土窖、缸、塑料袋等)中经过一定时间的发酵,使农作物秸秆变成带有酸、香、酒味,家畜喜欢食用的粗饲料。因为它是通过微生物使贮藏中的秸秆进行发酵的,所以叫微贮技术,这种饲料也称微贮饲料。

第一节 农作物秸秆微贮的意义

据测算,对于粮食作物而言,光合作用产生的有机物大约一半是粮食,另一半是秸秆。现在我国每年大约要生产5亿吨秸秆及秧蔓,目前这些秸秆只有20%左右通过青贮和氨化或直接用来作为牛羊的粗饲料,大约75%的秸秆被堆放着任凭日晒雨淋。这些资源不仅白白地浪费了,而且污染环境,占用土地,甚至成为火灾隐患。为什么要把秸秆微贮技术引进饲料生产体系呢?需要说明的是,秸秆青贮和秸秆氨化是世界公认的秸秆加工的有效方法,但青贮季节性强,存在着与农争时的矛盾。目前,农业生产以粮食为主,这种矛盾十分尖锐。秸秆氨化处理后的粗蛋白质可提高1倍左右,消化率可提高20%,在低精料饲养的情况下,喂4千克的氨化秸秆可节约1千克的精料,这无疑是一种秸秆处理的好方法,但氨源(尿素,液氨等)价格高,饲喂氨化秸秆效益增值部分被氨源涨价所抵消,秸秆氨化与农争肥的矛盾比较突出,在这种情况下,秸秆微贮就有了现实的意义。如果能将这部分秸秆通过发酵变成牛羊喜食的饲料，必能缓解我国饲料粮紧张的状况，促进我国畜牧业的发展。

由于微生物处理秸秆技术随着菌种、处理工艺的不同，效果差异很大。因此，各地对秸秆"微贮"要边试验边总结经验。迄今为止，无论是物理处理、化学处理还是生物学处理后的秸秆都只能饲喂反刍家畜，而单胃动物（猪、禽等）基本上不能利用秸秆中的粗纤维成分。

一、秸秆发酵饲料能降低养殖成本，获取良好的经济效益

用秸秆发酵饲料来养畜，并不是不喂精饲料，只是把秸秆通过科学的加工处理，提高秸秆的营养价值和消化率，改善其适口性，用以替代牧草和少量精饲料，以最小的投入换取最大的效益。从饲料的转化率上来讲，奶牛在家畜中是能量转化率最高的，其能量转化率为 25.8%，蛋白质转化率为 33.6%（表1-1）。因此，从能量转化率角度看，饲养奶牛是最合算的，一般 1 334～2 000 平方米（2～3 亩）的秸秆可养 1 头奶牛。目前国外的专家也主张采取多种粗饲料和农副产品来喂养牛、羊等家畜，以求得最经济最合理的养殖效益。

二、秸秆发酵饲料过腹还田，改良土壤

秸秆发酵饲料喂养牛、羊等牲畜后，其排泄的粪便是优质廉价的有机肥。这些有机肥不仅可以培肥地力、改良土壤、保持土壤水分，而且可以节省大量化肥，使生产成本降低，减少化肥带来的环境污染及土壤板结等不良影响，增强农业发展的后劲。在牲畜中，牛的排泄量是最大的，据统计，1 头牛每年

可排泄近十吨的粪便,其粪便中含有大量的有机质和氮、磷、钾等元素,其养分含量见表1-2。

表 1-1 各种畜禽饲料转化率 (%)

畜 种	能量转化率	蛋白质转化率	合 计
奶 牛	25.8	33.6	59.4
蛋 鸡	10.4	15.6	26.0
肉 鸡	5.8	16.7	22.5
肥 猪	4.6	12.7	17.3
肉 牛	2.6	8.5	11.1
肥 羊	2.0	5.4	7.4

表 1-2 牛粪尿及牛栏粪的养分含量 (%)

项 目	水 分	有机质	氮	磷(以五氧化二磷计)	钾(以氯化钾计)
牛 粪	80~85	14.6	0.3~0.35	0.15~0.25	0.05~0.15
牛 尿	92~95	2.3	0.6~1.2	少 量	1.3~1.4
牛栏粪	77.5	20.3	0.34	0.16	0.4

三、秸秆发酵饲料实现了资源的充分利用

农作物光合作用产物有一半是秸秆。草食家畜对玉米秸秆的纤维消化率可达65%左右,对无氮浸出物的消化率在60%左右。不同的玉米品种及同一株的不同部位其营养成分有所不同。生长期短的玉米秸秆比生长期长的玉米秸秆粗纤维少,易消化。同一株玉米秸秆的上部比下部营养价值高,叶片比茎秆营养价值高,玉米秸的营养价值又优于玉米芯,同玉米苞叶的营养价值相仿。小麦的秸秆在不同收割期其化学成分也有区别(表1-3)。因此,要利用农作物秸秆就应适时收

割,采用科学的处理方法,最大限度地利用秸秆中的有效营养成分。

表 1-3　小麦秸秆不同收割期的营养成分　（克/千克干物质）

营养成分	提前 1 周	正常期	推后 1 周
粗蛋白质	56	44	36
粗脂肪	19	15	15
粗纤维	399	409	435
无氮浸出物	414	420	410
灰　分	111	112	104
磷	1.5	2.4	1.5
钙	3.5	3.6	3.7
胡萝卜素（毫克/千克）	58.21	3.99	—
产量（吨干物质/公顷）	7110	7131	5174

第二节　农作物秸秆微贮饲料的特点

一、成本低,效益高

每吨秸秆制成微贮饲料只需用 500 克秸秆发酵菌剂（价值 10 元）,而每吨秸秆氨化则需用 30～50 千克尿素。在同等饲养条件下,秸秆微贮饲料对牛、羊的饲喂（增重、产奶）效果优于或相当于秸秆氨化饲料。另外,使用秸秆发酵菌剂可解决畜牧业与农业争化肥的矛盾。

二、消化率高

秸秆在微贮过程中,由于高效复合菌的作用,木质纤维素类物质大幅度降解，并转化为乳酸和挥发性脂肪酸。加上所含酶和其他生物活性物质的作用，提高了牛、羊瘤胃微生物区系的纤维素酶和解脂酶活性。例如，麦秸微贮饲料的干物质在家畜体内消化率提高了 24.14%，粗纤维消化率提高了 43.77%，有机物消化率提高了 29.4%。麦秸微贮饲料干物质的代谢能为 8.73 兆焦/千克，消化能为 9.84 兆焦/千克。麦秸微贮后，总能量几乎无损失。

三、适口性好，采食量高

秸秆经微贮处理，可使粗硬秸秆变软，并且有酸香味，刺激了家畜的食欲，从而提高了采食量。牛、羊对秸秆微贮饲料的采食速度可提高 40%～43%，采食量可增加 20%～40%。

四、秸秆来源广泛

麦秸、稻草、黄干玉米秸、土豆秧、红薯秧、青玉米秸、无毒野草及青绿水生植物等，无论是干秸秆还是青秸秆，都可用秸秆发酵活干菌制成优质微贮饲料。

五、制作季节长

秸秆微贮饲料制作季节长，与农事不争劳力，不误农时。秸秆发酵活干菌发酵处理秸秆的温度为 10℃～40℃，加之无论青的或干秸秆都能发酵。因此，在我国北方地区除冬季外，春、夏、秋三季都可制作秸秆微贮饲料，南方大部分地区全年都可制作秸秆微贮饲料。

六、保存期长

秸秆发酵活干菌在秸秆中生长迅速，产酸作用强。由于挥发性脂肪酸中丙酸与醋酸的强力抑菌杀菌作用,微贮饲料不易发霉腐败,从而能长期保存。另外,秸秆微贮饲料取用方便,随需随取随喂,不需晾晒。

七、无毒无害,制作简便

秸秆微贮饲料无毒无害,安全可靠。秸秆微贮饲料制作技术简便,与传统青贮相似,易学易做,容易普及推广。

第三节 农作物秸秆微贮的原理

一、秸秆微贮的原理

制作秸秆微贮饲料的原理与反刍动物瘤胃微生物发酵的原理基本相似。秸秆在微贮过程中,由于发酵菌剂的作用,在适宜的厌氧环境下,将大量的木质纤维素类物质转化为糖类,糖类又经有机酸发酵菌转化为乳酸和挥发性脂肪酸,使 pH 值降到 4.5~5,抑制了丁酸菌、腐败菌等有害菌的繁殖。半纤维素和木质素聚合物的脂键酶解,增加了秸秆的柔软性和膨胀度,使微生物能直接与纤维素接触,从而提高了粗纤维的消化率。秸秆微贮饲料在制作过程中的原理主要有如下几方面:①创造厌氧环境,防止腐败好氧菌的生长繁殖;②使原料处于酸性条件下,利于有益的酵母菌、乳酸菌的生长繁殖;③在微生物及酶的作用下,将纤维素及半纤维素较快地分解。最终使得在秸秆处理过程中迅速消耗氧气,将纤维素部分分解为糖,最终使秸秆的 pH 值降到 4 左右。黄干秸秆变得质地蓬松柔软,成为酸香适口、牛羊喜食、营养丰富的发酵饲料。

二、秸秆微贮后的营养

秸秆经过发酵之后，饲料中的纤维素、淀粉、蛋白质等复杂的大分子有机物在一定程度上降解为动物容易消化吸收的单糖、双糖、低聚糖和氨基酸等小分子物质，从而提高了饲料的消化吸收率，起到了饲料机械加工达不到的作用。同时，在秸秆发酵的过程中，还会产生并积累大量营养丰富的微生物体细胞及有用的代谢产物，如氨基酸、有机酸、醇、醛、酯、维生素和活化的微量元素，并使饲料变软变香，营养增加。在微生物的代谢产物当中，有一些对饲料还具有防腐作用（如乳酸、醋酸和醇），有的还能增加动物的抗病能力，刺激其生长发育（如维生素和微量元素等）。

三、微贮饲料对反刍动物的作用

微贮饲料可提高反刍动物瘤胃微生物区系纤维素酶和解脂酶活性，能促进挥发性脂肪酸的生成。挥发性脂肪酸可为微生物体蛋白质的合成提供碳架，而丙酸系反刍家畜重要葡萄糖前体。由于秸秆消化率的增加和采食量的提高（20%～40%），有机物消化量的提高以及动物机体能量代谢物质挥发性脂肪酸的增加，也意味着瘤胃微生物体蛋白合成量的提高，从而增加了对动物机体微生物蛋白的供应量，这就是微贮饲料使反刍家畜增重的主要原因。

第二章 秸秆微贮饲料的原料

第一节 秸秆饲料资源状况

一、农作物纤维类物质

所谓农作物纤维类物质,是指在各种农业生产活动中,在获取了农产品后所剩余下来的主要含纤维类的物质,它包括各种农作物的茎、根、叶、荚壳和藤蔓,各种野生牧草和水草等。按这类物质的来源不同可以分为以下六类:① 禾本科作物秸秆,包括大麦秸秆、燕麦秸、小麦秸、黑麦秸、稻草、高粱秸、玉米秸秆以及薯类藤蔓等;② 豆类茎秆,包括黄豆秸、蚕豆秸、豌豆秸、豇豆秸和花生藤蔓等;③ 亚热带植物副产品,包括甘蔗渣、香蕉秆和叶等;④ 果蔬类剩余物,包括柑橘渣、菠萝废弃物和蔬菜剩余茎叶等;⑤ 作物副产物,包括各种麦类的糠麸,各种水稻的谷壳和米糠等;⑥ 油籽类副产物,包括豆饼(粕)、菜籽饼(粕)、棉籽饼(粕)和向日葵饼等。总之,农作物纤维类物质是农业副产物的总称,其中又以谷类作物的秸秆数量最大,是农业纤维类物质的主要部分。

二、农作物秸秆及其产量

所谓农作物秸秆是指各类作物在获取了其主要农产品后所剩余下来的地上部分的茎叶或藤蔓,主要是禾本科和豆科作物秸秆。在我国,属于禾本科作物秸秆的主要有小麦秸、稻草、玉米秸、高粱秸、荞麦秸、谷草（粟秆）等；属于豆科作物秸秆的有黄豆秸、蚕豆秸、豌豆秸、花生藤等。此外还有红薯、马铃薯和瓜类藤蔓等。

　　农作物秸秆是世界上最丰富的物质之一。据统计，全世界每年秸秆的产量为 29 亿多吨，其中小麦秸秆占 21%，稻草19%，大麦秸 10%，玉米秸 35%，黑麦秸 2%，燕麦秸 3%，谷草 5%，高粱秸 5%。小麦秸以亚洲、欧洲和北美洲的产量最高，稻草以亚洲最多。所有的这些秸秆资源能供给 16.74 亿个羊单位（50 千克活重）的维持需要。由此可见，秸秆饲料对发展草食家畜的重大意义。

　　我国的农作物秸秆的年产量虽然没有精确的统计数据，但一般可以用作物种植面积及其产量推算出来。一般说来，多数谷物的秸秆与子实产量比为 1∶1，玉米秸秆为 1.2∶1，高粱秆、谷草为 2∶1。我国的农作物播种面积为 1.45 亿公顷，其中粮食作物占 76%，年产粮食 4 亿吨左右，因此可以推算出我国年产秸秆 5 亿吨左右，上述秸秆依其产量由多到少，其顺序为：稻草、小麦秸、玉米秸、薯类和其他杂粮秸秆藤蔓、大豆秆、谷草、高粱等秸。

　　目前，秸秆用作饲料的数量较小，即使用作饲料也因加工利用不当，使得秸秆的利用率及饲料报酬低，从而加剧了畜牧业对粮食的依赖性。如果将全部秸秆的 60%～65% 用作饲料，可满足我国农区、半农半牧区马、牛、羊粗饲料需要量的88%，既促进了农牧结合，又减少了专用饲料地或草地的面积，提高了单位面积土地上的食物生产量。

第二节　秸秆的构成及其营养特性

秸秆,通常指农作物果实收获后的植株,其有机物总量很高,一般都在 80% 以上。因此,秸秆的总能量并不低,大抵和玉米、淀粉的总能量相当。但由于其有机物中主要成分为粗纤维,所以秸秆质地粗硬,适口性差,不易消化,食入量低。再加上农作物收获后在田间曝晒、雨淋及贮存不当等因素的影响,秸秆的品质差异很大。但总的来说,其营养价值都很低,平均每千克只有 0.2～0.3 个饲料单位。

秸秆是由大量的有机物和少量的矿物质及水构成,其有机物的主要成分为碳水化合物,另外还有少量的粗蛋白质和粗脂肪。碳水化合物由纤维性物质和可溶性糖类构成,前者包括半纤维素、纤维素和木质素等。在常规分析中,纤维性物质用粗纤维表示;可溶性糖类用无氮浸出物表示。无氮浸出物泛指不包括粗纤维的碳水化合物,其成分比较复杂,一般不再进行分析测定,而是根据秸秆饲料中其他养分的含量进行计算得出[无氮浸出物%＝100%－(水%＋粗蛋白%＋粗脂肪%＋粗纤维%＋粗灰分%)]。秸秆中的矿物质用粗灰分表示,由硅酸盐及其他少量矿质元素组成,含量大约为 6%。稻草的硅酸盐含量很高,其灰分含量高达 12% 以上。农作物成熟后,其秸秆中的维生素差不多全部被破坏,因此,秸秆中很少含有维生素。在家畜饲养学上,粗纤维按其营养作用可分为半纤维素、纤维素和木质素三部分。

一、半纤维素

半纤维素是戊糖、己糖和多糖醛酸及其甲酯的缩合物,其主要成分是戊聚糖。一般不溶于热水,而溶于稀酸。在秸秆饲料中分布较广,与纤维素和木质素一起构成细胞壁。不同植物来源、不同生长阶段的半纤维素的消化率不同。随着作物的老化,半纤维素含量逐渐降低。在家畜的消化道中,只有共生的微生物分泌的酶才能水解半纤维素,分解的产物是乙酸、丙酸、丁酸等低级挥发性脂肪酸。反刍家畜对半纤维素的消化率一般为 $60\% \sim 80\%$。

半纤维素在植物体内的作用,一是起支架和骨干作用,二是起贮存碳水化合物的作用。

二、纤维素

纤维素是植物体中最丰富的物质,又是细胞壁的主要结构成分,在作物秸秆中的含量达 $40\% \sim 50\%$。纤维素化学性质稳定,不溶于稀酸。在高温、高压和酸性条件下,可以水解成为葡萄糖。在家畜消化道中共生的微生物能分泌水解纤维素的酶,可将纤维素分解成乙酸、丙酸和丁酸,被家畜吸收利用。纤维素是分布最广的多糖,是细胞壁的主要成分,在作物秸秆中含量达 $40\% \sim 50\%$。纤维素在反刍家畜及草食类单胃家畜日粮中占有相当大的比例。

三、木质素

木质素是生物学上不能利用的酚酸多聚体混合物。它是由苯丙烷及其衍生物为基本单位构成的高分子芳香醇,实际上它不属于碳水化合物,对家畜没有营养意义。只是因为常常与半纤维素、纤维素镶嵌在一起,不容易将它与半纤维素、纤维素分开,所以只好把木质素也看成粗纤维的组成成分。由于木质素的存在,不仅影响微生物酶解半纤维素和纤维素,而且也影响消化道内酶对饲料中其他有机物的作用,使饲料有机物的消化率降低。饲料中木质素每增加 1%,对反刍动物的消化率则下降 0.8%,非反刍草食家畜马则下降 1.3%,杂食家畜猪下降 1.6%,鸡下降 2%。在通常情况下,豆科作物秸秆的木质素含量比禾本科作物秸秆高。

植物中木质素的功能是在细胞壁中与其他成分一起形成复杂结构,防止微生物的侵袭;在细胞之间作为一种粘合剂起支架的作用;还可以缓和水通过细胞壁向内渗透。

通过以上分析,秸秆的营养作用可概括为以下三点。

第一,粗纤维是反刍家畜最经济的能量来源和碳源供体。粗纤维可在瘤胃中分解成低级挥发性脂肪酸等能源物质和碳架等碳源。低级挥发性脂肪酸可为反刍家畜作为能量吸收利用,碳架可与氨基结合形成非必需氨基酸。此外,碳源还是细菌合成菌体蛋白的重要原料。

第二,半纤维素和纤维素吸水量大,进入家畜胃肠之后体积膨胀,使家畜具有饱感,起到填充作用。此外,半纤维素、纤维素对家畜肠粘膜有一种刺激作用,可促进肠胃的蠕动和粪便的排泄。

第三,木质素不仅影响微生物酶解半纤维素和纤维素,而且也影响消化道内酶对饲料中其他有机物的作用,使饲料有机物的消化率降低。

第三节　主要农作物秸秆的营养成分

秸秆的成分决定其营养价值和消化率。不同秸秆的成分和消化率是不同的,同一秸秆的不同部位也有所不同,甚至差别很大。禾本科秸秆粗纤维的消化率比豆科秸秆高,但豆科秸秆的粗蛋白质含量比禾本科高。由于秸秆的营养价值主要取决于粗纤维的消化率,所以,一般而言,禾本科秸秆的营养价值较高。

同一秸秆成熟度越高,木质化程度也越高,秸秆的消化率就越低。玉米植株成熟后,整个植株、茎叶、轴芯的体外消化率每周下降15%～20%,而苞叶只下降0.6%。小麦在籽粒干燥时才可收获,无法提前收割。但玉米可在不影响产量条件下适当提前收割或者至少在收获籽粒后尽快收获秸秆。

一、粗蛋白质

作物秸秆中的粗蛋白质含量很低,且变化很大。据报道:稻草、麦秸和玉米秸的粗蛋白质平均含量分别为5.1%,4.4%,9.3%;变化范围分别为3.4%～5.9%,3.8%～5%,8.8%～9.8%。燕麦秸粗蛋白质含量平均为2.4%,高粱秸为3.4%。又据我国《奶牛饲养标准》,干物质中粗蛋白质含量玉米秸为7.7%,燕麦为7.5%,粟秸为5%,小麦秸为4.7%,稻草为3.9%。粗蛋白质主要分布在秸秆的细胞壁中,故其消化率一般也较低。

二、低分子碳水化合物

禾本科作物秸秆中含有少量的低分子碳水化合物,不同种类的作物含量不同。如冬小麦秸秆中的果糖、葡萄糖、蔗糖、阿拉伯糖和甘露糖的含量分别为2.6,1.2,0.4,1.5和1.3克/千克干物质;春小麦秸秆则分别为2.5,1.8,4.4,2.1和1.8克/千克干物质;大麦秸秆为1.9,2.1,0.8,1.2和1.4克/千克干物质;这些低分子碳水化合物的消化率均很高,几乎为100%。

三、矿物质

秸秆中矿物质含量都很低，而且明显缺乏钴、铜、硫、钠、硒和碘等元素。由于稻草细胞壁中二氧化硅的含量很高，严重影响瘤胃中多糖类物质的降解。有关秸秆中矿物质含量的研究资料，较为全面的是美国—加拿大《饲料成分表》(1984)。秸秆不同部位的消化率差别较大，叶消化率高，而茎秆的消化率较低，只有稻草例外，因为稻草叶中含大量不能消化的硅酸盐，导致其消化率甚至比茎秆还低。我国主要农作物秸秆的营养组成见表2-1。

表 2-1　我国主要农作物秸秆的营养组成　(%)

种　类	水　分	粗蛋白质	粗脂肪	粗纤维	无氮浸出物	粗灰分
玉米秸	11.2	3.5	0.8	33.4	42.7	8.4
小麦秸	10.0	3.1	1.3	32.6	43.9	9.1
大麦秸	12.9	6.4	1.6	33.4	37.8	7.9
稻　草	13.4	1.8	1.5	28.0	42.9	12.4
高粱秸	10.2	3.3	0.5	33.0	48.5	4.6
黄豆秸	14.1	9.2	1.7	36.4	34.2	4.4
棉花秸	12.6	4.9	0.7	41.4	36.6	3.8
棉铃壳	13.6	5.0	1.5	34.5	39.5	5.9
甘薯藤(鲜)	89.7	1.0	0.1	1.4	7.4	0.2
花生藤	11.6	6.6	1.2	33.3	41.3	6.1
稻　壳	6.8	2.0	0.6	45.2	28.5	16.9
统　糠	13.4	2.2	2.8	29.9	38.0	13.7
细米糠	9.0	9.4	15.0	11.0	46.0	9.6

种类	水分	粗蛋白质	粗脂肪	粗纤维	无氮浸出物	粗灰分
麦麸	12.1	13.5	3.8	10.4	55.4	4.8
玉米芯	8.7	2.0	0.7	28.2	58.4	2.0
花生壳	10.1	7.7	5.9	59.9	10.4	6.0
玉米糠	10.7	8.9	4.2	1.7	72.6	1.9
高粱糠	13.5	10.2	13.4	5.2	50.0	7.7

秸秆饲料除表中列出的外,还有谷子秸、油菜秸、芝麻秸、甘蔗梢、向日葵花盘、甜菜叶等,总产量为7 750 万吨。

第四节 秸秆用作饲料的限制因素

一、营养价值低

(一)粗蛋白质含量低 豆科秸秆的粗蛋白质含量为5%~9%,禾本科秸秆为3%~5%。一般要求反刍家畜饲料粗蛋白质含量不应低于8%,而绝大多数秸秆的粗蛋白质含量都低于8%,不能为瘤胃微生物的迅速生长繁殖提供充足的氮源,结果导致瘤胃微生物的活力降低,难以充分消化利用采食的秸秆饲料。因而,需要经过加工调制,克服粗蛋白质含量不足的问题。

(二)消化能较低 一般秸秆对牛、羊的消化能为7.8~10.5兆焦/千克,远远低于牛、羊饲料中所需要的消化能值。如体重40千克左右的肥育羔羊要求饲料干物质中含消化能17~18.8兆焦/千克,而秸秆中所含消化能与羔羊的需要相差较多。由此看来,以秸秆为主要饲料的牛、羊等家畜,难以从中获取所需要的消化能。因此,秸秆用作饲料要经过加工调制,使更多的总能转化为消化能,或与其他含消化能较高的饲料搭配饲喂。

（三）**缺乏维生素** 秸秆是草食家畜冬、春的主要饲料,而秸秆中胡萝卜素含量仅 2～5 毫克/千克,这就成为秸秆用作饲料的一个限制因素。因此,应将秸秆与胡萝卜、青贮料等维生素含量较高的饲料搭配饲喂。

（四）**钙、磷含量低,硅酸盐含量高** 硅酸盐的存在不利于其他营养成分的消化利用;钙、磷含量低及钙、磷比例不适当,不能满足家畜的需要。一般奶牛饲料中钙、磷比例应为 1.3～2∶1,肉牛为 0.7～1∶1,绵羊 1.2～2∶1。因此,在饲喂秸秆时应注意调整钙、磷的含量及比例。

二、消化率低

秸秆的总能量一般为 15.5～25 兆焦/千克,与干草相近,而消化能只有 7.8～10.5 兆焦/千克,比干草的消化能 12～14 兆焦/千克低得多,其营养价值只相当于干草的一半。这是因为秸秆的消化率一般低于 50% 的缘故。秸秆的消化率,牛、羊为 40%～50%,马 20%～30%,猪 3%～25%,鸡几乎难以消化利用,因而使得秸秆中的潜能及其他营养物质不能被家畜消化利用。秸秆消化率低是各种限制消化因素共同作用的结果。

（一）**木质素是影响消化率的主要因素** 木质素含量与消化率密切相关。根据大量的实验,粗饲料中木质素含量(L)与有机物体外消化率关系的回归公式为:

$$粗饲料有机物体外消化率 = 96.61\% - 4.49L$$

木质素含量每增加 1%，粗饲料的消化率就降低 4.49%。木质素影响秸秆消化利用的原因，是木质素与纤维素结合形成一种镶嵌结构，致使消化酶无法接触细胞壁的糖类和细胞内容物。

（二）秸秆的表皮膜（禾本科）和蜡质层（豆科）　茎的表面由表皮组织所覆盖。禾本科秸秆表皮组织外覆盖一层表皮膜，它是硅化程度较高的透明体；豆科秸秆表皮组织外有一蜡质层。二者限制了瘤胃微生物进一步作用于秸秆内部的营养物质，降低了秸秆的消化率。

（三）茎表皮角质层和硅细胞　茎的表面为表皮组织所覆盖，表皮细胞角质化或硅化（如稻草表皮有许多充满二氧化硅的硅细胞），且表皮细胞密集排列无间隙，致使瘤胃微生物不能与表皮组织内营养物质相接触，从而限制了秸秆的消化利用。

（四）纤维素分子间形成的结晶结构　秸秆中纤维素分子间成结晶态排列，结晶区纤维素分子间相互作用，增强了纤维素分子的稳定性，不利于纤维素的消化利用。

综上所述，秸秆用作饲料有如此多的限制因素，如果不经过加工调制，即使家畜采食后，也只能起到饱腹充饥作用，不能供给家畜所需要的营养。所以，各种秸秆需经加工调制。

秸秆饲料中氮类、可溶性糖类、矿物质以及胡萝卜素含量较低，而纤维性物质含量很高，动物采食量少、消化性差。饲料干物质除去纤维素、半纤维素、木质素等部分则为细胞内容物，包括蛋白质、淀粉、糖、脂质、有机酸及可溶性灰分等。了解秸秆的性质对提高秸秆饲料的饲用效果非常重要。首先要强调,秸秆饲料的饲喂对象应是反刍家畜,反刍家畜胃大,容纳的秸秆多,其瘤胃和盲肠含有大量的微生物,能分解纤维素和半纤维素。虽然一些地方农户有粉碎秸秆养猪喂鸡的习惯,但猪、鸡只能利用秸秆中的糖和淀粉,浪费掉大部分营养物质,故不提倡。其次注意秸秆饲料的利用方法,以解决木质素的分解或破坏木质素与纤维素的物理—化学紧密结合状态,使家畜不仅可以有效地利用秸秆中一切与木质素紧密联系的部分,而且木质素本身也能变成一种营养物质。

纤维素和半纤维素可在瘤胃微生物作用下进行分解,最终成为反刍家畜的能源。但是自然状态下,纤维素、半纤维素、木质素的各个成分互相交错地结合在一起,作物成熟程度越高,这种结合就越紧密,纤维素、半纤维素就越难以消化。某些粗饲料中含有大量硅酸盐成分等,这些物质也影响饲料的消化率,例如妨碍稻草消化的主要因素常常是硅酸盐而不是木质素。

基于上述原因,提高秸秆消化率的方法,归纳起来可分为物理性的、化学性的和生物学的几大类。

第五节　我国农作物秸秆的应用现状

据联合国粮农组织统计,全世界农作物秸秆中有 66% 直接还田或作为生活能源而被烧掉了,19% 作为房屋建筑材料或蔬菜生产覆盖材料等,仅 12% 作为家畜的饲料,另有 3% 左右作为手工艺品的原料。

我国约有 78% 的秸秆作为生活能源燃烧后还田,或就地焚烧还田,或直接翻入土壤层中还田,仅有 20% 左右作为家畜的饲料,另有 2% 作为纸浆材料、建筑材料和手工艺品材料,与国外的利用方式基本一致。

农作物秸秆作为饲料利用,又可分为直接饲料化利用和间接饲料化利用。例如稻草,其饲料化利用,一是直接作为饲草或经处理后与其他饲料一同添补饲喂草食家畜;二是间接饲料化利用,即将稻草作为生长单细胞蛋白质的基质料发酵后作为畜禽的饲料。稻草的非饲料化利用包括:畜禽栏的垫草、生活能源、蘑菇生产的基质料、生物产沼气料、蔬菜覆盖料、造纸材料、房屋建筑材料、编织材料等。

在全国不少地区,大量的农作物秸秆没有得到充分的利用,有的堆积在田埂和路边,多数在田里付之一炬。这种处理方法,不但浪费资源,而且会造成严重的环境污染,破坏生态环境平衡,甚至引起火灾,有时还会对地面和空中交通造成影响。所以,一些地方这样的处理方法已成为一种公害。由此可见,在生产实践中,多数的作物秸秆并不作为家畜饲料来利用,而是采用非饲料化利用的方式被利用。目前世界各国,特别是发展中国家,大部分作物秸秆未被利用而被抛弃,即使有部分能利用,也是用作燃料。因此,如何充分合理地利用作物秸秆,是当代农业发展的一个重大课题,值得我们去深入研究。

我国自1992年起,就在全国开展秸秆养畜示范工程的农业综合开发项目,到1996年,国家在秸秆养畜示范工程中累计投资1.4亿元,已在全国29个省、市、自治区建立了三大肉牛养殖带,12个示范大区,208个国家级的养畜示范县,对我国肉牛、羊饲养业起到了巨大的推动作用。

2003年,我国牛、羊存栏分别达到了2.4亿头和4亿头,羊的存栏数居世界首位,牛居第三位,牛肉产量为584.6万吨,仅次于美国和巴西居世界第三位;羊肉产量为316.7万吨,居世界第一位。

第三章 秸秆微贮方法和微生物菌种

第一节 秸秆微贮方法

一、微生物发酵法

发酵法是将秸秆粉碎,加入一定量的麸皮或米糠,然后接种适当的微生物菌种(担子菌、酵母菌或霉菌等),在适宜条件下培养一段时间,最后取出作为饲料。其原理是利用微生物产生的纤维素酶、半纤维素酶以及内切葡聚糖酶、外切葡聚糖酶等,降解秸秆的纤维素成分,使其变成含有较多酶解糖类、香甜可口、易于消化吸收的饲料。应用发酵法处理秸秆,现在面临几大困难。首先是秸秆的纤维素与木质素、蜡质紧密结合在一起,降低了各种酶的活性;其次,是难于选育纤维素酶产生量高的菌种;第三,是必须解决发酵过程中降解终产物对酶的合成及其活性产生的反馈抑制的问题。根据日本、美国、前苏联等国的研究,将木材、农作物秸秆经过高温高压的蒸煮,或以酸碱处理,能有效地破坏木质素和蜡质对纤维素的包裹。在将秸秆发酵处理前,必须进行一些预处理,消除木质素、蜡质等对发酵的负效应。在选择发酵菌种的问题上,人们越来越倾向于混合菌发酵体系。在双菌或多菌混合发酵中,酶促作用生成的糖立即被发酵糖的微生物所利用,这样就维持了降解物的浓度,消除了酶合成作用受到降解物的阻遏作用;同时,也解除了反应终产物对酶的反馈抑制。据报道,混合发酵比单一发酵蛋白质含量高,按细胞产量计算,纤维素转化率为50%,接近理论值,表明绝大部分被利用。而在单一发酵中,纤维素中约有40%～50%还原糖未被利用。此外,混合菌发酵中剩余的糖全部被酵母利用,最大菌体蛋白质含量达15%～17%。

二、酶 解 法

国内外均有运用酶制剂处理秸秆的研究报道,总的来说,试验效果都较好。使用酶时,一个重要问题是选定适宜的条件,以维持酶的最佳活性。不过,用精制的酶来改善饲喂家畜的秸秆品质可能是不经济的。秸秆的酶解主要是依靠纤维素酶的作用。

纤维素酶是具有纤维素降解能力酶的总称,它们协同作用分解纤维素。在秸秆饲料中添加纤维素酶的作用机制在于:①纤维素酶在分解纤维素、半纤维素的同时,可促进植物细胞壁的溶解,使更多的植物细胞内容物溶解出来,并能将不易消化的大分子多糖、蛋白质和脂类降解成小分子物质,有利于动物胃肠道的消化吸收;②纤维素酶制剂可激活内源酶的分泌,补充内源酶的不足,并对内源酶进行调整,保证动物正常的消化吸收功能,起到防病、促生长的作用;③消除抗营养因子,促进生物健康生长。半纤维素和果胶部分溶于水后会产生粘性溶液,增加消化物的粘度,对内源酶造成障碍,而添加纤维素酶后可降低消化物粘度,增加内源酶的扩散,提高酶与养分接触面积,促进饲料的良好消化;④纤维素酶制剂本身是一种由蛋白酶、淀粉酶、果胶酶和纤维素酶等组成的多酶复合物,在这种多酶复合体系中,一种酶的产物可以成为另一种酶的底物,从而使消化道内的消化作用得以顺利进行。也就是说纤维素酶除直接降解纤维素,促进其分解为易被动物所消化吸收的低分子化合物外,还和其他酶共同作用提高动物对饲料营养物质的分解和消化;⑤纤维素酶还具有维持小肠绒毛形态完整、促进营养物质吸收的功能。

三、SCP 法

SCP 法即单细胞蛋白法。其原理是将秸秆经过粉碎,加入适量的水和无机营养物质,接上菌种,使它大量生产菌丝体,制成 SCP 饲料。SCP 具有以下特点:①蛋白质含量高,细菌菌体蛋白高达 80%,酵母菌菌体达 60%,霉菌菌体也可达 40%;②氨基酸种类齐全,蛋白质利用率高,一般可达 80%,添加限制性氨基酸蛋氨酸后,其利用率甚至达到 95% 以上;③含有丰富的维生素,尤其是 B 族维生素。

第二节 用于秸秆处理的微生物菌种

秸秆利用乳酸菌、酵母菌等有益微生物和酶,在适宜的条件下,分解秸秆中难于被家畜消化利用的部分,增加菌体蛋白质、维生素(主要是 B 族维生素)及其他对家畜有益的物质,并可软化秸秆,改善味道,提高适口性。经微生物法调制的秸秆,主要用于饲喂肥育牛和羊。对微生物法调制秸秆,国内外研究较多,筛选出一批优良菌种用于发酵秸秆,如裂榴菌、多孔菌、担子菌、酵母菌、木霉等。我国也进行了大量的研究,取得了一些实用成果。

微生物的特点之一是容易培养。秸秆原料是微生物的良好培养基,微生物能参与秸秆饲料的调制,增加适口性和营养价值;与此同时,可以产生大量的酶系分解纤维素。如木霉、白地霉、担子菌等,可以利用秸秆发酵。当然,有的也能引起秸秆及其原料的败坏,降低其营养价值和经济价值,如各种腐败微生物;有的能使秸秆带毒或传播疾病,引起畜禽中毒或患传染病,如引起饲料霉变的部分真菌和一些病原菌。这一切都说明微生物与秸秆饲料产品有着极为密切的关系。我们要利用其有利的一面,克服它们有害的一面,防止秸秆及其原料的腐败变质。本节所要讲的微生物,是与秸秆发酵生产和调制有关的微生物,主要有细菌、酵母菌、霉菌和担子菌等。

一、细　菌

细菌属于真细菌纲,采取典型的横分裂或二分裂繁殖,是单细胞微生物,通常用放大 1 000 倍以上的光学显微镜或电子显微镜才能观察到。细菌的基本形态有球状、杆状和螺旋状 3 种。与秸秆发酵生产和调制有关的细菌主要有乳酸菌、醋酸菌、肠道杆菌、丁酸菌、腐败细菌和纤维素分解菌等。

(一)乳酸菌 这类细菌分布广,种类多,形态不一,有杆状和球状两大类;有单个、成对和链状排列的,生化特性也有差别。但不管是乳酸球菌还是乳酸杆菌(图 3-1,图 3-2),都是厌氧菌或微需氧菌,在秸秆发酵开始时就繁殖,到发酵结束后因密封缺氧后

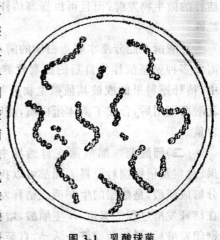

图 3-1　乳酸球菌

仍然能增殖,只是增殖的速度慢一些,而乳酸的生成却多一些。在秸秆发酵过程中,正型和异型乳酸发酵均同时存在,因此,产物除乳酸之外,尚有少量乙醇和二氧化碳(CO_2)等,并且产生一系列酶系,将秸秆中的纤维素、半纤维素和抗营养因子进行生物分解。乳酸本身既是营养物质,又有抑制秸秆中其他微生物(含腐败微生物)生长的作用。因此,乳酸菌是秸秆微生物发酵中的有益细菌。不仅可以进行秸秆的微生物发酵,而且可以提高秸秆的适口性、营养性和耐贮性。

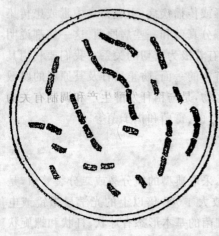

图 3-2 保加利亚乳酸杆菌

乳酸菌不能分泌水解蛋白质的酶,不能使蛋白质分解,但需要多种氨基酸作为自身的氮素营养。所以,在秸秆的发酵中,秸秆原料里的或被其他微生物分解而来的多种氨基酸被乳酸菌利用后,合成了菌体蛋白质,能够增加秸秆中蛋白质的含量。

(二)醋酸菌 醋酸菌在自然界中分布也较广,在醋、水果、蔬菜及植物饲料原料表面都可以找到。为需氧菌,能将糖分解成醋酸,是酿醋的生产菌。秸秆发酵时容易感染醋酸菌。在秸秆发酵过程中繁殖,产生醋酸,增加秸秆的酸度。但秸秆密闭发酵后,醋酸菌即停止活动,直至死亡。

（三）肠道杆菌　这是一类兼性需氧菌,以大肠杆菌和产气杆菌为主。它们在秸秆发酵中进行异型乳酸发酵,即产物中除乳酸之外,还有醋酸、琥珀酸、氢气和二氧化碳,使相当一部分碳水化合物变成无价值的废物,同时可引起原料中蛋白质的腐败性分解,降低营养价值和适口性。但是,在密闭良好的正常秸秆发酵料中,因为环境缺氧和酸度增加,肠道杆菌的活动会很快受到抑制。

（四）丁酸菌　丁酸菌是一类严格厌氧的梭状芽孢杆菌,在无氧条件下进行丁酸发酵。它分解单糖、双糖、乳酸、淀粉、果胶和纤维素等,产生丁酸、二氧化碳和氢气,使秸秆发臭,降低秸秆的品质。丁酸含量越多,秸秆的品质则越差。丁酸菌还能利用各种有机氮化物,从而破坏秸秆中的蛋白质,使营养成分损失。

丁酸菌广泛分布在土壤中,只要在秸秆制作过程中避免大量土壤污染,原料中的丁酸菌数量一般是不多的。而且丁酸菌严格厌氧,耐酸性又差,只要在秸秆发酵初期不立即造成严格厌氧环境,又保证乳酸足量积累,则丁酸菌是不能活动的。如果秸秆发酵的原料过细,而且加水过多,或者秸秆原料含水量过高,则原料颗粒与颗粒之间被水分充满造成一开始就缺氧,容易使厌氧的丁酸菌迅速繁殖,产生丁酸,结果使原料发臭。所以,进行秸秆微生物发酵时,水分含量应适当。

（五）腐败菌　这一类细菌种类很多,主要有需氧的枯草芽孢杆菌、马铃薯杆菌和厌氧的腐败梭菌、兼性厌氧的变形杆菌等。这些细菌大多能使蛋白质、碳水化合物、脂肪等营养物质分解,产生氨、二氧化碳、甲烷、硫化氢和氢气,不但使秸秆发酵料损失大量营养,而且还产生臭味和苦味,是秸秆发酵的有害微生物。

腐败菌在秸秆原料中数量较多,但这些细菌不耐酸,在迅速酸化的秸秆原料中,腐败菌的活动很快就受到抑制。但若调制不当,发酵设备中空气过多、酸的积累不足以控制这类细菌的生长繁殖时,也会引起秸秆原料的腐败。在接种微生物秸秆发酵过程中,由于真菌等微生物的迅速繁殖,使腐败菌的生长受到抑制。这是在正常发酵饲料中,腐败菌难以大量繁殖的又一个原因。

(六)纤维素分解菌　在自然界,能分解纤维素的微生物主要有霉菌、担子菌等真菌,也包括放线菌和一些原生动物。能分泌纤维素酶水解纤维素的细菌有纤维粘菌、生孢纤维粘菌和纤维杆菌等。在这些众多的微生物中,使用纤维素分解菌可以分解秸秆中的部分纤维素。

二、酵 母 菌

酵母菌是一群单细胞微生物,属真菌类。酵母细胞形状通常有球形、椭圆形、卵圆形、柠檬形、腊肠形及菌丝状等,酵母细胞的大小差别很大,一般在 1～5 微米×5～30 微米之间。发酵工业上培养的酵母细胞平均直径为 4～6 微米,比细菌大得多。在自然界,酵母菌主要分布在含糖质较高的偏酸性环境中,例如果实、蔬菜、花蜜、五谷以及果园的土壤中;石油酵母则多在油田和炼油厂附近的土壤里。

酵母菌是人类应用得最早的一种微生物,不管是酿酒、烤面包、做馒头,还是酒精发酵、甘油发酵、石油发酵均离不开酵母菌。酵母菌都是兼性厌氧菌,在有氧的条件下,可以大量增殖,2 小时就繁殖一代,合成自身菌体。酵母细胞一般含蛋白质 50%～55%,还有丰富的脂肪、维生素等,是动物良好的精饲料。酵母菌在无氧的条件下可以进行酒精发酵,使秸秆发酵饲料产生良好的特殊的香味。但是在糖分不足的秸秆原料中，由酵母菌引起的酒精发酵可能会引起糖分减少，影响乳酸的生成。尤其是当秸秆饲料装填不足、压得不实时，酵母菌在有氧的条件下大量繁殖，除了要分解糖分外，还能分解各种有机酸，包括乳酸，以致影响乳酸的积累，使微贮料难以贮存。而在正确的微贮情况下，酵母菌只能在最初的几天繁殖，随着氧气的耗尽和乳酸的积累，而很快受到抑制。

酵母菌以出芽的无性繁殖为主，最适生长温度为25℃～30℃，最适生长 pH 值为 3.8～6。酵母菌的种类很多，适合于秸秆发酵的有产朊假丝酵母、热带假丝酵母、啤酒酵母、解脂假丝酵母、葡萄酒酵母、巴氏酵母、生香酵母和白地霉等。现择其主要的加以介绍。

（一）啤酒酵母 又称酿酒酵母、酒精酵母和汉逊酵母。在麦芽汁内生长的细胞呈圆形、卵圆形、椭圆形到腊肠形（图 3-3）；在麦芽汁琼脂培养基上的菌落为乳白色，平坦，边缘整齐，有光泽。无性繁殖营养细胞可直接变为子囊，每囊有 1～4 个圆形的光面子囊孢子。

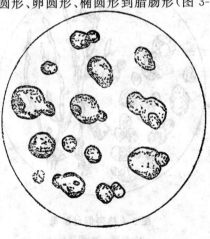

图 3-3 啤酒酵母

啤酒酵母除了应用于酿造啤酒、白酒、酒精和制造药用酵母外，还可用于生产饲料酵母及秸秆的微生物发酵。

（二）**产朊假丝酵母**　在葡萄糖加酵母汁加蛋白胨的液体培养基中，细胞呈圆形、椭圆形或腊肠形。培养在麦芽汁琼脂上的菌落为乳白色，平滑。在加盖玻片玉米粉琼脂上培养可形成假菌丝。啤酒酵母和产朊假丝酵母是生产秸秆饲料的常用菌种。

产朊假丝酵母细胞富含蛋白质和 B 族维生素，能利用尿素、硝酸钾为氮源，利用五碳糖和六碳糖为碳源，还能利用亚硫酸纸浆废液、废糖蜜、马铃薯淀粉废料、木材水解液等生产人畜可食的酵母蛋白质，是生产秸秆发酵饲料的常用菌种。

（三）**热带假丝酵母**　细胞呈球形或卵圆形，菌落白色至奶油色，表面软而平滑或部分有皱纹，无光泽或稍有光泽。能产生大量的假菌丝，有时也可生成真菌丝（图 3-4）。

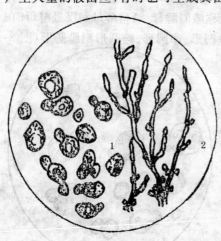

图 3-4 热带假丝酵母
1. 细胞　2. 假菌丝

（四）**解脂假丝酵母**　细胞卵圆形到长圆筒形，菌落乳白色、粘湿、无光泽。能形成假菌丝和具有横隔的真菌丝。在真、假菌丝的顶端或中间可生单个或成双的芽孢子，有时芽孢子轮生。

解脂假丝酵母不发酵任何糖，但是分解脂肪和蛋白质的能力很强，因此容易与其他酵母相区别。它可以和其他酵母混合发酵，相互补充，用作秸秆发酵菌种。

（五）白地霉 白地霉属于丛梗孢科,地霉属。白地霉菌丝分隔分叉,在液体培养基中生醭,在麦芽汁固体培养基上生成白色绒毛状菌落。培养初期菌丝生长迅速,22 小时后部分菌丝末端断裂成节孢子链,节孢子在 28℃～30℃温度条件下经 14 小时就萌发成菌丝,形状与酵母细胞相似(图 3-5)。白地霉对营养要求不严,能在碳水化合物丰富的秸秆上迅速生长。细胞富含蛋白质、脂肪、维生素和核酸,可采用固态或液态发酵法用于秸秆的微生物发酵。

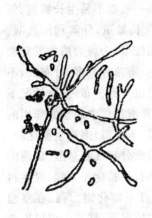 

图 3-5 白 地 霉

三、霉 菌

霉菌亦称丝状真菌,是真菌的一部分。凡生长在营养基质上能形成绒毛状、蜘蛛网状或絮状菌丝体的真菌统称为霉菌。霉菌在自然界的分布极广,存在于土壤、空气、水和生物体内外等处,与人们的日常生活、生产关系十分密切。霉菌除应用于传统的酿酒、制酱、饲料发酵、秸秆生物发酵和制作其他发酵食品外,在发酵工业、农业、纺织、食品和皮革加工等方面,起着极重要的作用。但是霉菌对于人类也有不利的一面,它可以引起各种工业原料、产品以及粮食、饲料等农副产品发霉变质,有的还能引起人和动、植物的病害。

霉菌为需氧、喜酸性环境的微生物,在植物原料上附着的不少,秸秆原料中常见的有毛霉、青霉、曲霉和枝孢霉。由于厌氧发酵设备内严格的厌氧环境,霉菌一般都不易生长繁殖。但是好氧发酵设备中,霉菌能在其中生长繁殖,分解利用乳酸、醋酸和其他有机酸,降低秸秆原料的酸度,为腐败菌的发育创造条件,进而造成秸秆原料腐烂变质。霉菌种类多,分布广,不但在秸秆原料中有,在空气和土壤里也广泛分布,多数情况下是以霉菌孢子的状态存在。在秸秆发酵过程中起主要作用的是根霉、曲霉。根霉和曲霉(如黑曲霉、米曲霉)能产生糖化酶,将淀粉分解成糖;米曲霉还能将蛋白质分解成氨基酸。霉菌的糖化酶是菌丝体产生的,糖化酶对熟料的糖化能力强,对生料的糖化能力弱;在 60℃左右高温条件下糖化能力强,在室温条件下糖化能力较弱。在人工接种的情况下,秸秆中可以生长链孢霉、木霉及绿曲霉。链孢霉可以合成蛋白质,木霉、绿曲霉能够分解秸秆中的纤维素。

(一)**根霉** 根霉是霉菌中的一个属,它包括已知的 20 多个种,菌丝体分枝不分隔,是单细胞。气生菌丝匍匐枝向基质内生长根状的菌丝,称为假根,具有吸收营养的作用。根霉的用途很广,其淀粉酶活力很强,酿酒工业多用它来作为淀粉质原料酿酒的糖化菌,秸秆发酵也离不开根霉。

(二)**曲霉** 曲霉属大约有 100 多个种,菌丝体是分枝分隔的多细胞体。曲霉某些菌丝的细胞分化出厚壁的足细胞,在足细胞上生出直立的分生孢子梗,顶端膨大成球形的顶囊,顶囊表面以辐射的方式长出一层或两层小梗,小梗顶端产生成串分生孢子(图3-6)。不同种的曲霉,分生孢子颜色也不相同,有黄、蓝、青、黑、绿、棕等颜色。与秸秆发酵关系较为密切的是黑曲霉、米曲霉和绿曲霉。

(三)青霉 青霉属有数百个种,是药品青霉素的重要生产菌种。菌丝体是分枝分隔的多细胞。青霉与曲霉不同之处在于它的分生孢子梗多次分枝,整个分生孢子穗呈扫帚状。分生孢子着生在小梗上,成串,一般是蓝绿色。

目前用于生产青霉素的菌种是产黄青霉。青霉发酵后的菌丝废料含有丰富的蛋白质、B族维生素和矿物质。青霉产生的纤维素

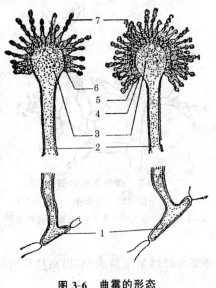

图 3-6　曲霉的形态
1. 足细胞　**2.** 分生孢子梗　**3.** 顶囊
4. 初生小梗　**5.** 次生小梗　**6.** 小梗
7. 分生孢子

酶近似黑曲霉和木霉,亦可以作为纤维素酶制剂的生产菌种。

(四)木霉 木霉属只有绿色木霉(图3-7)和康氏木霉(图3-8)两种。木霉的菌丝分枝分隔,透明无色或浅色,在固体培养基上迅速蔓延生长,形成絮状或致密丛束状菌落。菌落

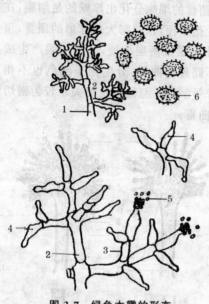

图 3-7 绿色木霉的形态

1. 分生孢子梗 2. 一级分枝 3. 二级分枝
4. 小梗 5. 分生孢子头 6. 表面有刺的孢子

表面为不同程度的绿色,有些菌株由于产孢子的情况不同几乎呈白色。菌丝长出不规则的分生孢子梗,其上对生或互生分枝,分枝又可继续分枝。分枝的末端为瓶形小梗,分生孢子由小梗相继生出,靠粘液把它们聚成球形的孢子头。康氏木霉和绿色木霉的主要区别在于分生孢子的不同。木霉,特别是绿色木霉,是目前生产纤维素酶的主要菌种。木霉的纤维素酶制剂含纤维二糖酶及淀粉酶,能够将部分纤维素水解成糖,提高秸秆的营养价值。

四、担子菌

担子菌是真菌中进化最高级的一类菌,属担子菌纲。担子菌与人类的关系极为密切,其中有的是植物的病原菌,能引起农作物、森林、木材的病害,使木材腐朽。这些木材腐朽菌如小齿薄耙齿菌和柳小皮伞等,可以用来处理秸秆中的纤维素,提高营养价值。

担子菌的菌丝体很发达,由分枝分隔的纤细菌丝所组成。

这些菌丝穿入基质吸收营养。在担子菌的发育过程中，一般有 3 种性质不同的菌丝体，即单核细胞菌丝体、双核细胞菌丝体和结实性双核菌丝体。有的呈根状，称根状菌索；有的呈瘤状，称为菌核；有的呈蕈状，称为担子菌（图 3-9）。

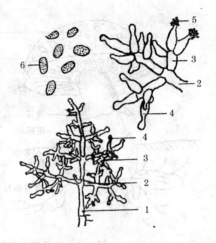

图 3-8　康氏木霉的形态

1. 分生孢子梗　**2.** 一级分枝　**3.** 二级分枝　**4.** 小梗　**5.** 分生孢子头　**6.** 表面无刺的孢子

在自然界中担子菌数目有两三万种，而且能分解木质素和纤维素的菌种非常普遍。因此，筛选出比现有担子菌种更能抗污染、合成蛋白质能力强、生长快的菌种是可能的，加之通过混合菌发酵等方面的研究，担子菌用于秸秆发酵和发酵饲料的应用是很有前途的。下面介绍用于秸秆发酵的两种担子菌。

（一）小齿薄耙齿菌　担子果无柄，革质，半平状，大小 1.5～3 厘米×1～3 厘米，厚约 1 毫米；盖面米黄色，边缘薄，干后不下卷，有平伏细毛。菌髓白色，厚 0.5～1 毫米，菌管长 0.5～1 毫米，与菌髓同色；管口米黄色，多角形，常裂为齿状，1 毫米间有 4～5 个。孢子圆柱形，有囊状体，孢子无色，4～5 微米×1～1.5 微米。

小齿薄耙齿菌是本属担子菌的代表种，生于柞树枯枝上，分解木质素能力较强，能造成木材白腐，能用于秸秆发酵。

（二）柳小皮伞　担子果群生，偶尔丛生。菌盖膜质，扁钟

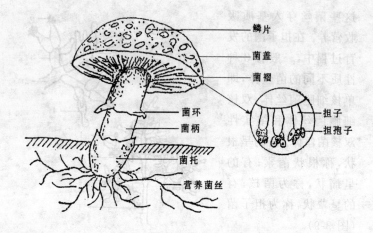

図中标注：
鳞片
菌盖
菌褶
菌环
菌柄
菌托
营养菌丝
担子
担孢子

图 3-9　担子菌各部位名称

形(降落伞形)；盖面白色，边缘浅白色，中央略带褐黄色，表面有明显的沟纹。菌盖直径 1.5～2.1 厘米。菌褶直生，边缘直或略成弓状，近菌柄一端呈短垂生，长短不一，全长菌褶 10～12 片，2/3 长菌褶 12 片，1/2 长菌褶 12 片，菌褶中的髓层近规则型。菌柄中央生或偏生，白色，基部为黑色，长 1～1.5 厘米，顶端粗 1～2 毫米，基部稍细为 1 毫米。担子棒状，顶端稍粗，为 17～28.6 微米×4.4～6.6 微米，有 4 个小梗。孢子乳白色，在显微镜下透明无色，近茄形，一端圆，一端稍尖，大小为 8.8 微米×2.2 微米，单核，萌发前可能成双核。

柳小皮伞在春、夏多雨时，生于柳树皮层或木头上，故名柳小皮伞，可作秸秆发酵饲料菌种。

五、放 线 菌

放线菌由于菌落呈现放线状而得名。属细菌门、真细菌纲的微生物,在自然界中分布广泛,土壤是这类微生物的主要习居场所,一般在中性和偏碱性的土壤和有机质丰富的土壤中较多见。放线菌是生产抗生素的最重要的一类微生物。但是最近许多研究表明,一些放线菌还具有分解纤维素和木质素的能力。如黑红旋丝放线菌、玫瑰色放线菌、纤维放线菌、嗜热单胞放线菌、嗜热多胞放线菌及灰黄色链霉菌等。

第四章　秸秆处理机械与设备

农作物秸秆微生物处理所需要的生产机械与设备,主要有秸秆收割机械、铡碎机、秸秆粉碎机械、发酵设备及装料与卸料设备等。

第一节　秸秆收割机械

常用的秸秆收获机械主要有玉米秸秆收割机、小麦秸秆打捆机等。

一、玉米秸秆收获机械

目前,国内外生产的秸秆收获机种类繁多。按其与动力设备连接方式可分为牵引式、悬挂式及自走式3种。

(一)玉米联合收获机　玉米联合收获机是利用秸秆切碎装置将秸秆切碎后,通过抛射筒将粉碎后的秸秆集中到机械牵引(或随机跟随的挂车)的拖斗中,用于青贮或微贮。有牵引式、悬挂式及自走式3种型式。这种机型都采用对行收获。

以自走式玉米联合收获机为例,作业时,玉米联合收获机沿着玉米行间行走,对行收获,玉米茎秆被茎秆扶持器导入割台茎秆导槽,再被喂入链抓取进入摘穗装置,茎秆被拉茎辊拉过摘穗板的工作间隙,果穗被摘下,而茎秆被切割装置切断。摘下的果穗由喂入链送到果穗搅龙输送器,再由果穗搅龙输送到果穗升运器,由果穗升运器将果穗送至果穗箱中(果穗中夹带的断茎秆和碎叶由升运器末端的茎叶剔除器排出机外),

果箱装满后由液压操控卸粮。切断的茎秆由链耙托送到茎叶搅龙,在茎叶搅龙的作用下收集到过桥喂入口,在过桥中一组喂入辊的扶持下均匀地输送到切碎装置进行切碎,被切碎的茎叶由切碎滚筒刀片及增风板抛送到茎叶输送管,经输送管喷射到拖车中,运回进行青贮或微贮。

牵引式的玉米收获机有 2 行的,如 4YW-2 型系列能一次完成摘取果穗、剥皮、集装和茎秆粉碎回收等多项作业。悬挂式的玉米收获机,有 1 行或 2 行等两种机型,特别是 2 行悬挂式玉米联合收获机,是最近开发的一种机型,利用新型秸秆切碎装置实现秸秆切碎收集。

(二)玉米秸秆收获机　玉米秸秆收获机与上面介绍的玉米联合收获机类似,只是一种专门的秸秆收获机械。这种机械也可称作秸秆饲料收获机,主要功能是将摘除果穗的玉米秸秆或专门用于青贮的玉米(带果穗),利用机械上的切碎装置将秸秆切碎后,通过抛射筒集到机械牵引的拖斗中(或随机跟随的挂车),用于青贮和微贮。这种机械在畜牧业发展很快的今天,其需求越来越迫切,市场前景很好。按照与动力的联接方式,有悬挂式、自走式和牵引式 3 种。悬挂式和牵引式与 36 千瓦以上拖拉机配套使用。按照机械收获秸秆的方式,又可分为:对行收获和不对行收获两种机型。对行收获一般只能收获玉米秸秆,不对行收获机型在换装割台后,还能收获其他牧草。

按机具的生产能力又可分为:低生产率机型,配套动力功率为 13 千瓦左右;中等生产率机型,配套动力为 40~44 千瓦;高生产率机型,配套动力一般在 80 千瓦以上,多为自走式机型。选择玉米收获机时,必须考虑制作微贮饲料的多少、对微贮料品质的要求、现有配套机具的多少及功率大小、微贮料收获期的气候条件等因素。

根据我国农村目前的经济及技术条件,选用配套动力的功率为40～44千瓦的中等生产率的玉米秸秆收获机调制玉米秸秆饲料为宜。如国产S-900机型,这类机型以铁牛-55拖拉机为配套动力,采用侧后悬挂,不对行收获。既能在田间完成整株玉米的收获,也可当作固定作业机械在田间或微贮设施附近,加工玉米、高粱、葵花等作物秸秆。切碎质量均可满足微贮的要求。生产效率高达12～15吨/小时,是一种高效低耗作业机具。

黑龙江省生产或巴西、荷兰进口的MB-220型圆盘旋转式收获机,适合玉米秸秆的收获。该机配套22～66千瓦拖拉机,1次只能收获1行,效率虽高,但机具价格偏高。内蒙古赤峰生产的9QS-10型牵引滚刀式收获机、黑龙江生产的丰收-1.25型牵引甩刀式收获机等,牵引机组偏长,适合大地块作业。

由江苏纺织品公司经营的JM4100SH型玉米收割机,适用于收割并切碎玉米秸秆、高粱秸秆、甘蔗等直立禾本科作物,轻便灵活,经济高效。收割、切碎后直接抛送入车斗,大量节约劳力,是养殖户的得力助手(表4-1)。

表4-1　JM4100SH型玉米收割机技术参数

项　目	技术参数
牵引方式	三点悬挂式
切割刀片	4片
切碎刀片	8片
割茬高度	10厘米以上
最小动力	36.75千瓦

项　目	技术参数
转　速	540转/分
产　量	20吨/小时
工作速度	8千米/小时
连接销	Ⅱ级
运输宽度	2米
外型尺寸	3米×2米×2.9米
整机重量	445千克

　　近几年市场上推出一种玉米秸秆收割机,与小麦割晒机的构造、工作原理类似,一般与小四轮拖拉机配套使用,安装在拖拉机的前端,由拖拉机的动力带动两立轴旋转,由立轴下端的切刀将玉米秸秆从根部切断,然后由旋转的立轴上的拨禾装置将玉米秸秆输送到一侧铺放。作业时可带穗收割,也可人工摘穗后收割,一次收割2~3行,有的还兼有灭茬功能。收获后的玉米秸秆可随即切碎入窖青贮,或经过几天晾晒后,籽粒湿度降到20%~22%时摘穗剥皮,秸秆用于黄贮。该机配套8.8~15千瓦拖拉机,生产率0.5~1公顷/小时。这种机械目前在农村较为实用,但工序简单,不能从根本上缓解玉米收获劳动强度高的矛盾,故推广范围受到局限。

二、小麦秸秆打捆机械

　　秸秆打捆机械能自动完成小麦、牧草等作物秸秆的捡拾、压捆、捆扎和放捆一系列作业,可与国内外多种型号的拖拉机配套,适应各种地域条件作业,有圆捆和方捆两种机型。圆捆机由于没有打结器使其结构相对简单,体积较小,且价格较便宜,操作维修简单,缺点是生产率低,因为是间歇作业,打捆时停止捡拾,捆扎的圆捆密度低,装运和贮存不太方便,捡拾幅宽过小,多为 80 厘米左右。如果大型联合收获机收获后进行打捆作业,容易出现堵塞或断绳现象。方捆机由于所打的草捆密度比圆捆大,运输和储存较为方便,可连续作业,效率较高。但由于其结构复杂,制造成本高,因而价格也高。目前市场上销售的打捆机多为国产机型,主要由北京、上海、山东(广饶、博兴)等地生产。

国外进口的打捆机由于其稳定的性能、可靠的质量,在国内也占有一定的市场份额,但其价格较高,目前主要是国有或集体农场购买。

第二节 秸秆铡草机

铡草机也称切碎机,主要用于切碎粗饲料,如谷草、稻草、麦秸、玉米秸等。按机型可分为小型、中型和大型。小型铡草机适用于广大农户和小规模饲养户,用于铡碎干草、秸秆和青饲料。中型铡草机也可以切碎干草、秸秆和青饲料。大型铡草机常用于规模较大的肉牛、肉羊饲养场,主要用于切碎微贮饲料。铡草机是农村、农牧场饲养草食家畜必备的机具。秸秆在微贮过程中,切碎是第一道工序,也是提高粗饲料利用率的基本方法。

为适应养殖业的发展,满足广大养殖户对加工玉米秸秆饲料的要求,各地在近几年研制成功了不同功率的铡草机。如93ZT-18000 型,93ZT-10000 型大型滚筒式铡草机。93ZT-18000 型铡草机铡切青玉米秸秆 18 吨/小时,干玉米秸秆 5～8 吨/小时;93ZT-10000 型铡草机铡切青玉米秸秆 10 吨/小时,干玉米秸秆 2.5～3.5 吨/小时。铡切长度 21～25 毫米。

铡草机按切割形式可分为滚刀式和轮刀式两种。大中型铡草机为了便于抛送青贮料一般都为轮刀式;小型铡草机则两者都有,但以滚刀式为多。

铡草机按固定方式可分为固定式和移动式两种。大、中型铡草机为了便于微贮作业常为移动式;小型铡草机常为固定式。

一、滚筒式铡草机

滚筒式铡草机型号很多,但其基本构造是由喂入、切碎、抛送、传动、离合和机架等部分组成。喂入装置主要由链板式输送器、压草辊和上下喂草辊等组成。上喂草辊的压紧机构采用弹簧式和结构紧凑的"十"字沟槽连轴节。切碎和抛送装置连成一体,由主轴、刀盘、动刀片、抛送叶片和定刀片组成。可换齿轮的齿数分别为 13,22,56,65,选配不同的齿数,可改变传动速率,得到不同的铡草长度(图 4-1)。

二、圆盘式铡草机

该机是由喂入链、上下喂草辊、固定底刀板以及由切刀、抛送叶板等构成的刀盘组成。例如 932P-1000 型铡草机生产率为 1 吨/小时,切碎长度为 15～35 毫米,主轴转速为 800 转/分,配套动力 3 千瓦电机,机重 110 千克。

三、青干饲草切碎机

该机是进行青贮和微贮饲料的中型饲草加工机械,可切碎青干玉米秸秆、小麦秸秆、苜蓿等,其结构简单、产量高、操作方便、适应性广、运转平稳、安全可靠。主要技术参数见表 4-2。

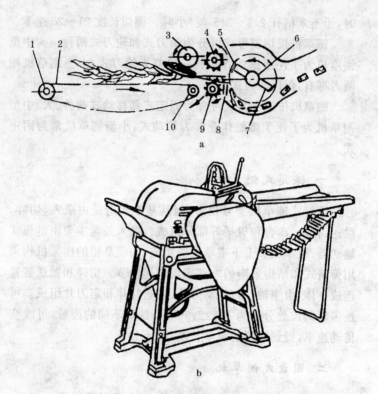

图 4-1 滚筒式铡草机

a. 工作示意图 b. 外貌

1. 从动链轮 2. 输送链 3. 压草辊 4. 上喂入辊 5. 动刀片
6. 切碎器 7. 抛送叶片 8. 定刀片 9. 下喂入辊 10. 五角轮

表 4-2　青干饲草切碎机技术参数

项　目	技 术 参 数
外型尺寸(不包括动力部分)	2050 毫米×560 毫米×2620 毫米
机器重量(不包括动力部分)	200 千克
配套动力	电动机 7.5 千瓦,拖拉机 14.7 千瓦
皮带(配小型拖拉机)	B-3150×3 根
秸秆切碎长度	20～25 毫米
主轴转速	1000 转/分
切碎滚筒直径	600 毫米
动刀片数量	6 片
切草效率	青饲草 6～8 吨/小时,干饲草 2.5～3 吨/小时

四、铡草机的使用

(一)**工作前安装**　固定式小型铡草机应固定在地基或长方木板上。电动机与切碎机中心距为 1.2～1.4 米。移动式大、中型铡草机应将轮子一半埋入土中,动力与切碎机中心距3～6 米。

(二)**使用前的检查和调整**　要检查机器状态是否良好,螺丝是否松动,润滑油是否充足。检查调整切割间隙。一般小型铡草机间隙为 0.2～0.4 毫米,相当于刀片轻轻从底刃上划过,又不相碰刮。中型铡草机间隙为 0.5～1 毫米,大型铡草机间隙为 1.5～2 毫米。

(三)**启动和工作**　先用手试转,再将离合器分离,开动电动机,空转 3～5 分钟,待运转正常后,接合离合器。如机器正常,即可投料。严禁不停车进行清理和调整,工作人员应穿紧袖服装。

(四)维护与保养 动刀片每铡切 10 吨饲草,应磨刀 1 次。无油嘴的主轴承可每工作 4~5 个月拆洗换 1 次黄油。有油嘴的应每天加 1 次黄油。

铡草机按切割部分形状可分为滚筒式和圆盘式两种。大中型铡草机为了便于抛送青贮原料,一般多为圆盘式,而小型铡草机以滚筒式为多。大中型铡草机,为了便于移动和作业,常装有行走轮,而小型铡草机多为固定式。

第三节 秸秆揉碎机

这是近几年市场上推出的新一代秸秆加工设备,如YJR-3A 型玉米秸秆挤丝揉碎机,适用于含水率 70% 以下的玉米等作物秸秆的粗加工、压扁、纵切、挤丝、揉碎等复杂工序连续一次性完成。秸秆经揉碎机搓揉后成丝状,并切成 8~10 厘米长的碎段。其独特之处在于破坏了秸秆表面硬质茎节,把牲畜不能直接食用的秸秆加工成丝状,提高适口性,不损失其营养成分,便于牲畜的消化吸收。其全株采食率由原来的 50% 提高到 95% 以上。同时利于秸秆的干燥、打捆、运输和贮存,用来制作微贮饲料效果更佳,适合中小养殖户和秸秆微贮加工企业使用。

揉碎机作业时,直径为 400 毫米的转子高速旋转(2 856 转/分),带动 4 组 16 个锤片不断撞击喂入的秸秆,同时机器凹板上装有变齿高斜齿板和 6 片定刀,斜齿呈螺旋线走向,从而保证了秸秆在被锤片和斜齿板撞击后产生轴向运动,促使秸秆碎段经过隔板空缺部分流向机器的抛送室,然后由风扇叶片将秸秆抛送出机外。

揉碎机是一种仅仅依靠机械加工即可提高秸秆利用率的设备,对于营养价值较高的玉米秸尤为合适。由于它的加工细度大,所以消耗功率也大,能耗将比相同生产率的铡草机高1～2倍。进行青贮和氨化时,因其可使秸秆本身软化,故只需使用铡草机作业,就能满足要求。秸秆揉碎机工作部件结构见图4-2。

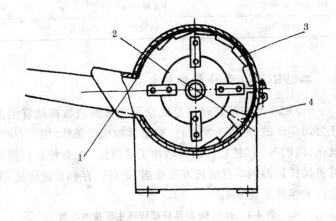

图4-2　秸秆揉碎机工作部件结构

1. 光面板　2. 带甩刀的转子　3. 三角形凹板齿　4. 定刀片

一、YJR-3A 型玉米秸秆揉碎机

该机是淄博三明环保农业有限公司 2002 年推出的新一代秸秆加工设备,适用于含水率 70% 以下的玉米等作物秸秆的粗加工,压扁、纵切、挤丝、揉碎等复杂工序连续一次完成。其独特之处在于破坏了秸秆表面硬质茎节,把牲畜不能直接食用的秸秆加工成丝状、适口性好的饲草,不损失其营养成

分,便于牲畜的消化吸收。同时利于秸秆的干燥、打捆、运输和贮存,适宜中小饲养专业户、秸秆微贮加工企业使用。YJR-3A 型玉米秸秆挤丝揉碎机技术参数见表 4-3。

表 4-3 YJR-3A 型玉米秸秆挤丝揉碎机技术参数

项　目	技 术 参 数
外型尺寸	1640 毫米×750 毫米×1250 毫米
机器重量	500 千克
生产效率	4 吨/小时
配套动力	电动机 7.5～11 千瓦

二、9RC-50 型秸秆揉碎机

9RC-50 型秸秆揉碎机是北京嘉亮林海农牧机械有限责任公司生产的。可将玉米秸秆、柠条揉搓成丝条状,用于青贮、氨化、微贮等。揉搓后的秸秆增加了适口性。配合秸秆打捆机可将揉搓后的饲草打成长方形草捆,进行贮存和长途运输。主要技术参数见表 4-4。

表 4-4 9RC-50 型秸秆揉碎机主要技术参数

项　目	技 术 参 数
配套动力	7.5～11 千瓦电动机或 8.82～13.23 千瓦拖拉机
主轴转速	4000 转/分
生产效率	500～720 千克/小时
整机重量	172 千克
外型尺寸	820 毫米×800 毫米×920 毫米

三、9RS-40 型揉碎机

该机由北京嘉亮林海农牧机械有限责任公司生产。是一种可将各种作物的秸秆和牧草（包括青秸秆和青草）揉碎成柔软丝条的机械,经它加工的饲草,长短适宜,没有整齐的切口,呈撕碎条状,柔软不扎口。牛、羊等喜爱采食,浪费率比老式原铡草机大为减少,是老式铡草机的替代产品。

本机结构简单,操作简便,坚固耐用,生产效率高,使用安全可靠,维修简单。整机结构紧凑、体积小,是中、小型牧场和饲养专业户的理想机具。主要技术参数见表4-5。

表 4-5　9RS-40 型秸秆揉碎机主要技术参数

项　目	技术参数
生产率	干玉米秆 1.5～2 吨/小时,散干草 1～1.5 吨/小时
配套动力	7.5～11 千瓦
转子直径	400 毫米
外形尺寸	2300 毫米×1310 毫米×1450 毫米(长×宽×高)
抛送叶轮直径	420.5 毫米

四、9R-66 型揉碎机

该机由内蒙古农业大学机械厂生产,集铡草、揉碎和粉碎于一体,主要用于农作物秸秆(如玉米秸、高粱秸和小麦秸)、牧草、藤蔓、枝条等铡切和揉碎作业,用于秸秆微贮,也可将玉米、豆类等饲料进行粉碎。主要技术参数:配套动力 11 千瓦(单项交流电机),主轴转速 2 490 转/分;生产效率,铡草 1 200千克/小时,微贮秸秆揉碎 600 千克/小时,玉米粉碎 900 千克/小时,草粉 600 千克/小时,秸秆揉碎 1 200 千克/小时。机器重量 250 千克。外形尺寸为 2 303 毫米×1 190 毫米×956 毫米。参考价格 3 500 元/台。

五、9RZ 型系列秸秆揉切机

由中国农业大学开发的 9RZ 型系列是一种集揉搓、铡切和混料为一体的新型粗饲料加工机械,是国家"九五"科技攻关成果和国家级重点推广新产品。它既可以把青绿饲草、玉米秸和薯类藤蔓等茎秆类原料揉切成柔软丝状物料,又可以把茎秆类饲料与精料及块根饲料加工成全价混合饲料。

本机利用动刀组代替现有铡草机上的切刀、揉搓机上的锤片及物料搅拌机的搅拌轮。可根据饲喂要求调整定刀组数,以改变碎秸的长短和揉搓度。工作时,粗饲料在动刀、定刀之间打击、切碎,并由高速旋转的转子抛向工作室内壁,由转子拖动进行揉搓。当块根饲料与粗饲料同时喂入时,动刀可起搅拌作用。主要技术参数见表 4-6。

表 4-6　9RZ 型系列秸秆揉切机机型的主要技术参数

项　目	9RZ-60	9RZ-60C	9RZ-50T
动力类型(千瓦)	电动机 15	柴油机 13.23	拖拉机 8.82 以上
工作室直径(米)	0.6	0.6	0.5
动刀数目(片)	14	14	14
定刀数目	3 组(每组 7 片)	3 组(每组 7 片)	3 组(每组 7 片)
生产效率(吨/小时)	3～4	3～4	1～2
外形尺寸(米)	2.3×1.8×1.2	2.3×1.9×1.2	2.3×1.9×2.1
全机重量(千克)	650(含电动机)	800(含柴油机)	
适用范围	中、小型牛场	中、小型牛场	个体养殖户

第四节 秸秆粉碎机

一、9CJ-500型饲草粉碎机

9CJ-500型饲草粉碎机是粉碎多种干草及农作物秸秆的专用设备。还可和其他设备配套组成以干草和秸秆为主要原料的饲料加工机组,生产粉状及颗粒状配合饲料。适用于农场、牧场及专业户加工草粉和微贮秸秆。

（一）**性能指标** 粉碎干草和秸秆,筛孔直径为3毫米时,每小时产量为500千克,每千瓦/小时产量30千克,单班日产量14吨。

（二）**主要技术规格** 见表4-7。

表4-7 9CJ-500型饲草粉碎机的主要技术参数

项 目	技 术 参 数
外形尺寸(长×宽×高)	3100毫米×3100毫米×2785毫米
主轴转速	2700转/分
转子直径	600毫米
转子宽度	301毫米
锤片排列及数量	平衡交错排列,24片
筛片包角	180度
锤筛间隙	12毫米或17毫米
配套动力	18.5千瓦或22千瓦

二、JM-4000型饲料粉碎机

该机可与拖拉机配套或电动机配套。可粉碎玉米秸秆、甘蔗、茅草等,用于秸秆微贮。

该机可一机多用,通过高速旋转的锤片和不同筛网的组合,不仅可以粉碎青饲料,与粉状饲料或添加剂拌匀,还可加工出各种粗、细的颗粒以及粉状饲料。干料、青料以及添加剂进口各自分开,进料方便。设有三种出料口,根据不同的需要,拆换或关闭其他出料口,即可生产出不同的饲料。通过调换筛子目数大小,可获得不同粗细的颗粒与粉粒。刀片采用优质碳钢制成,保证刀刃锋利且耐磨。锤片采用优质合金钢制成,具有较高硬度且耐磨。技术参数见表4-8。

表4-8 JM-4000型饲料粉碎机技术参数

项 目	技术参数	说 明
主轴转速(转/分)	1900～2200	本机的生产效率为:加工甘蔗4～6吨/小时;青玉米秸2～3吨/小时,带穗轴和皮的玉米0.7～1.8吨/小时,粗玉米粉0.5～0.8吨/小时,细玉米粉0.15～0.3吨/小时
动刀数(片)	6片	
定刀数(片)	2片	
定刀的调节	离转盘刀片1或2毫米	
锤片数(干料用)	18片	

三、锤片式粉碎机

本系列粉碎机可粉碎各种颗粒状饲料原料,如玉米、高粱及其他物料。本系列粉碎机结构简单,坚固耐用,操作方便,振动微小,生产率高。可单独或配套使用。

(一)产品结构 本系列粉碎机壳体采用钢板焊接结构,电动机与粉碎机装在同一底座上,电机轴与主轴采用直点弹性联轴器连接传动,传动准确平稳。转子经动平衡校验,并可正反向工作。操作门有互锁装置(56×36型除外),以保证转子转动时,操作门不开。进料口在粉碎机顶部,可与各种形式的喂料机构相配,锤片对称排列。

(二)**工作原理** 粉碎机工作时,物料通过与本机相配的喂料机构由顶部、轴向和切向喂入(图4-3),经进料导向板从左边或右边进入粉碎室,在高速旋转的锤片打击和筛板摩擦作用下,物料逐渐被粉碎,并在离心力作用下,穿过筛孔从底座出料口排出。

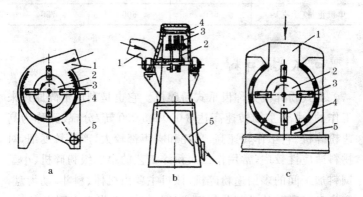

图4-3 锤片粉碎机类型

a. 切向式　b. 轴向式　c. 径向式

1. 进料斗　2. 转子　3. 锤片　4. 筛片　5. 出料口

(三)**主要技术参数** 国内应用比较多的粉碎机为SFSP型系列锤片粉碎机。该系列粉碎机的主要技术参数见表4-9。

表 4-9　SFSP 型系列锤片粉碎机主要技术参数

项　目	型　号		
	SFSP56×30	SFSP56×36	SFSP56×40
生产效率(千克/小时)	2000～3000	3000～4000	4000～6000
电机功率(千瓦)	11	22	37
主轴转速(转/分)	2940	2940	2940
筛片规格(毫米)	700×296	700×356	700×396
外形尺寸(米)	1.39×0.74×1.1	1.39×0.74×1.1	1.496×0.74×1.1
单机重量(千克)	550	600	750

四、爪式粉碎机

　　爪式粉碎机又称齿爪式粉碎机。它也是利用击碎原理来工作的,由于主轴转速高达 3 000～5 000 转/分,故又称为高速粉碎机。它工作转速高,功耗和噪声都较大,产品粒度细,对物料适应性较广,常用作二次粉碎工艺的第二级粉碎机、小型饲料加工间的多用途粉碎机。该机主要由机体、料斗、动齿盘、定齿盘、环筛、传动部分等组成(图 4-4)。动齿盘上固定有 3～4 圈齿爪,定齿盘上有 2～3 圈齿爪,各齿爪相错排列。一般动齿爪长度为粉碎室宽度的 75%～81%。最外圈为扁齿爪,内圈均为圆齿。其线速度为 80～85 米/秒。齿与环筛的间隙为 8～20 毫米,动、定齿爪内圈间隙为 35～45 毫米,外圈间隙为 10～20 毫米。工作时,料斗的物料借自重和负压吸力而进入粉碎室的中央,受离心力和气流作用,自内圈向外圈运动,同时受到动、定齿爪和筛片的冲击,剪切、搓擦和摩擦作用而粉碎,合格的粉通过筛孔排出机外;粗粒继续受到打击,直到通过筛孔为止。高速爪式粉碎机的齿爪和轴承易磨损,特别是金属异物进入粉碎室易造成破坏性事故。要注意加工精度,提高其工作可靠性和降低噪声。

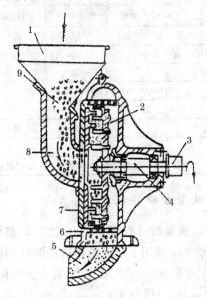

图4-4　爪式粉碎机

1. 料斗　2. 动齿盘　3. 皮带轮　4. 主轴

5. 出料口　6. 筛片　7. 定齿盘　8. 入料口

9. 插板

我国爪式粉碎机已实行标准化。现有转子外径270毫米、310毫米、330毫米、370毫米及450毫米5种型号,其技术参数见表4-10。

表 4-10　爪式粉碎机的技术参数

项　目	型　号			
	6FC-308	红旗-330	FFC-45	FFC-45A
转子外径(毫米)	308	330	450	450
主轴转速(转/分)	4600	5000	3000～3500	3000～3200
配套动力(千瓦)	5.5	7	10	10
外形尺寸(毫米)	1050×865×1204	420×570×1100	740×740×950	140×740×950
单机重量(千克)	185	130	175	170
生产效率(千克/时)	150	525	300	550
筛孔(毫米)	0.8	1.2	1.2	1.2
产　　地	山西壶关	四川遂宁	辽宁新金	山东即墨

五、其他型号粉碎机

广西金达机械股份有限公司生产的 9F 型系列粉碎机有万能粉碎机之称。适用于家庭粉碎秸秆饲料。具有结构紧凑、重量轻、使用维护方便、生产效率高、耗电少等优点。主要型号及技术参数见表 4-11,表 4-12。

表 4-11　9F-18/22/27 型粉碎机技术参数

项　目	型　号		
	9F-18	9F-22	9F-27
外形尺寸(毫米)	376×360×788	415×332×490	490×454×568
单机重量(千克)	18	30	50
电动机(千瓦)	1.1～1.5(单相)	2.2～3(单相)	3～4(单相)
柴油机(千瓦)	2.2～2.94	2.2～2.94	4～6
转子直径(毫米)	180	220	270
生产效率(千克/时)	≥90(玉米)	≥110(玉米)	≥180(玉米)
吨料电耗(千瓦·小时/吨)	≤25	≤25	≤25
噪声(分贝)	≤93	≤93	≤93

表 4-12　9F-371(A)/372/40 粉碎机技术参数

项　目	型　号		
	9F-371(A)型	9F-372 型	9F-40 型
外形尺寸(毫米)	694×704×678	784×674×714	440×500×742
单机重量(千克)	125	145	160
电动机(千瓦)	5.5～7.5	5.5～7.5	11
柴油机(千瓦)	5.88～8.82	5.88～8.82	11.03
转子直径(毫米)	370	370	400
生产效率 (千克/小时)	≥320	≥460	≥470
吨料电耗 (千瓦·小时/吨)	≤25	≤25	≤25
噪声(分贝)	≤93	≤93	≤93

第五节　秸秆圆捆包膜机

　　天津市尤耐特机械技术有限公司开发的 YBS 系列圆捆包膜机是秸秆微贮包膜专用设备,可将捆扎机捆扎好的秸秆类圆草捆进行自动包膜。这种方式是目前国际上最先进的秸秆贮藏方法。贮存期在 1 年以内的可包 2 层专用膜,贮存期在 1 年以上 2 年以内的应包 4 层专用膜。裹包青贮和微贮失败的原因是裹包前草捆未打紧及在饲喂前破包。破包将会影响厌氧发酵,致使霉变腐烂。因此,一旦发现破包要马上用粘贴纸封好破处。主要有两种型号,YBS-5050 和 YBS-5070 型。主要技术参数见表 4-13。

表 4-13　圆捆包膜机技术参数

项　目	型　　号	
	YBS-5050	YBS-5070
配套功率(千瓦)	1	1.5
包膜效率	30秒/捆·2层	45秒/捆·2层
包膜层数(层)	2～4	2～4
包膜尺寸(厘米)	52×52	50×73
外形尺寸(厘米)	150×95×85	150×95×85
机器重量(千克)	135	140

第六节　固体发酵设施

一、设施种类

制作微贮的设施与青贮设施相同,包括微贮窖、微贮壕、微贮塔、塑料袋微贮和地面微贮。要求设施不透气、不透水、内壁平直和有深度。

(一)微贮窖　按照窖的形状,可分为圆形窖和长方形窖两种。可建造成半地下式或全地下式。

圆形窖的直径一般为2～4米,深3～5米,上下垂直。圆形窖开窖饲用时,需将窖顶泥土全部揭开,取料时需一层层取用,窖口大不易处理,若用量少,冬季表层易结冻,夏季易霉变。

长方形窖一般宽1.5～3米,深2.5～4米,长度根据需要而定。长度超过8米以上时,每隔4米砌一横墙,以加固窖壁,防止砖、石倒塌。

长方形窖四角要挖成半圆形,以便贮料均匀下沉。窖壁要有一定斜度,上大下略小,以防倒塌和便于压实。开窖从一端启用,先挖开 1~1.5 米长一段,从上向下,一层层取用,这一段饲料喂完后,再开另一段,便于管理。

(二)微贮壕 是水平坑道式结构。最好选择在地方宽敞、地势高燥或有斜坡的地方,开口在低处,以便夏季排出雨水。大型壕长 30~60 米,宽 6~10 米,高 5 米左右。在壕的两侧要有斜坡,底部为混凝土结构,墙与底部接合处修一排泄贮料渗出液的沟,墙可采用砖石结构或混凝土结构,亦可以用塑料薄膜代替。

(三)微贮塔 是圆桶形的建筑物。耐压性好,便于压实内容物,贮量大,损耗少。塔有地上式和半地上式两种。从建筑材料上又可分镀锌钢板、整体混凝土、硬质塑料塔。按贮量又可分 100 立方米以下的小型塔和 400~600 立方米的大型塔。塔身一侧每隔 2~3 米留一规格为 60 厘米×60 厘米的窗口。装料时关闭,用完后开启。

(四)塑料袋 用塑料袋贮料的方法简便易行,便于推广。材料应选用无毒的农用聚乙烯双幅塑料薄膜,厚度 0.08~0.1 毫米,袋的大小根据需要灵活掌握。农户用塑料袋微贮,最好先装入编织袋,填满压实后,外套塑料袋。每袋装料 50 千克左右。

(五)地面 选干燥平坦的地面,铺上塑料薄膜,然后将贮料卸在塑料薄膜上堆成垛,压实之后,用塑料薄膜盖好,周围用沙土压严,以防塑料薄膜被风掀开。在贮存期应注意防鼠害、防塑料薄膜破裂。

二、发酵设施大小的确定

（一）决定设施大小的因素　①养殖量；②牛、羊每日采食量；③贮料饲喂天数。

（二）决定设施大小的根据

1. 微贮秸秆密度　每立方米 500～600 千克。

2. 窖（形）体积

$$圆形窖容积（米^3）＝半径×半径×深×3.14$$

$$长方形窖容积（米^3）＝长×宽×深$$

3. 举例　挖 1 个宽 1.5 米，深 1.8 米，长 2 米的微贮窖，能贮多少千克玉米秸？

微贮玉米秸重量＝2×1.5×1.8×500＝2700（千克）

挖窖时，一般宽度和高度可以固定，长度可以根据饲养规模大小来确定。饲养 1 头牛 1 年大约需 5 000 千克微贮饲料。微贮窖宽 1.5 米，深 1.8 米，窖的长度＝5000÷(1.5×1.8×500)＝3.7（米）。

三、各种发酵设施构造

各种发酵设施的构造见图 4-5。

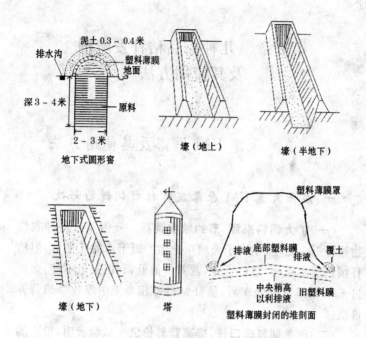

图 4-5　各种发酵设施示意图

第五章 几种商品秸秆发酵剂及其使用方法

第一节 天意EM原露及其使用方法

一、应用天意EM原露发酵秸秆饲料的好处

（一）**扩大饲料来源，节约粮食饲料** 我国年产各种农作物秸秆近5亿吨，相当于天然草地生产野干草的几十倍。但秸秆饲料质地粗硬，适口性差，营养价值低，利用效果不佳。而经过EM原露发酵处理后，秸秆饲料可相当于中等牧草的营养价值。

（二）**改善饲料适口性，提高营养价值** 试验表明，粉碎的秸秆用EM原露处理后，饲料变软变香，具有苹果香味，适口性好，采食量增加。

（三）**操作简单** 秸秆等粗饲料经EM原露发酵，温度从5℃升至40℃，即完成发酵过程，不用燃料蒸煮饲料。用EM原露发酵饲料制作季节长，自然气温5℃～40℃期间，均可制作EM原露发酵饲料。不受季节限制，可以在农闲时制作，不与农事活动争时间、争劳力。

（四）**制作成本低** 调制EM原露发酵饲料方法简便易行，每吨秸秆只需EM原露1千克，价值20元左右，成本低廉。

二、应用天意 EM 原露处理秸秆饲料的方法

（一）**秸秆粉碎**　秸秆用作牛、驴、马的粗饲料，可用揉碎机加工，尤其是玉米秸较粗硬，揉碎可提高秸秆利用率。若用作羊、兔、鹅粗饲料，可用粉碎机将秸秆粉碎成粗粉，以便混拌精饲料。稻草和麦秸比较柔软，可以用铡草机切碎，长度为1～2厘米。

（二）**配制菌液**　取天意 EM 原露原液 1 千克，加糖蜜或红糖 2 千克，水（自来水或井水）320 升，在常温条件下，充分混合均匀。

（三）**菌液混拌粗饲料**　将制备好的菌液，喷洒在 1 000千克加工好的粗饲料上，翻动搅拌均匀。

（四）**装窖、密封**　将混拌好的饲料，一层层装入砖、石、水泥砌成的永久窖内，人工踩实。原料要装至高出窖口 30～40厘米，覆盖塑料薄膜，再盖 20～30 厘米细土，拍打严实，防止通风透气。

（五）**开窖喂用**　封窖后夏季经 5～10 天、冬季 20～30 天即可开窖喂用。长方形窖从窖的一端挖开 1～1.2 米长，清除泥土和表层污染部分，由上而下，一层层取用。窖口要用草捆或木板盖严，防止落入沙土。EM 原露饲料具有苹果香味，略酸甜。多数牲畜不经驯食就可正常采食，但也有少数牲畜要经过若干天后才喜食。

（六）**注意事项**

第一，饲喂 EM 原露处理的秸秆饲料时，一般不应和抗生素、激素同时使用。如需大量使用抗生素时，可暂停 EM 原露处理的秸秆饲料的使用。

第二，配制 EM 原露稀释液时应使用井水、泉水或干净

的河水,最好不用含消毒剂的自来水,若用自来水,应曝晒1天后方可使用。

第三,EM 原露为黄褐色、半透明、酸性液体,如发现有腐臭或其他怪味产生,说明已经变质,应立即停止使用。

第二节　科诺秸秆发酵剂及其使用方法

北京科诺创业科技发展中心开发的秸秆发酵剂是多种厌氧的微生物菌剂。秸秆在微贮过程中,由于秸秆发酵菌在厌氧条件下的发酵作用,大量的木质纤维素类物质被降解为糖类,糖类又经有机酸发酵菌转化为乳酸和挥发性脂肪酸,使贮料 pH 值降到 4.5～5,抑制了丁酸菌、腐败菌等有害微生物的繁殖。

科诺秸秆发酵剂能使秸秆中的半纤维素—木聚糖链和木质化合物的酯键发生酶解,从而增加了秸秆的柔软性和膨胀度,使瘤胃微生物能直接与纤维素接触,提高了秸秆的消化率。由于秸秆微贮后消化率的增加和采食量的提高,加之有机物消化量的提高以及动物机体能量代谢物质挥发性脂肪酸的增加,提高了瘤胃微生物菌体蛋白合成量,增加了对畜体微生物蛋白的供应量,从而达到了增重的目的。

一、使用科诺秸秆发酵剂制作秸秆微贮饲料的步骤

(一)**菌剂的复活**　科诺秸秆发酵剂每袋 500 克,可处理麦秸、稻草、玉米秸秆 1 吨或青秸秆 2 吨。在处理秸秆前,先将菌剂倒入 20 升水中充分溶解(大型奶牛场可使用洗奶桶的水)在常温下放置1～2 小时,使菌种复活。复活好的菌剂一定

要当天用完,隔夜的不可使用。

(二)**菌液的配制** 将复活好的菌剂倒入充分溶解的0.8%～1%食盐水中拌匀。食盐、水、活干菌用量的计算方法见表 5-1。

表 5-1 食盐、水与活干菌用量

秸秆种类	秸秆重量 (千克)	菌剂用量 (克)	食 盐 (千克)	水用量 (升)	贮料含水量 (%)
小麦秸	1000	500	12	1500	60～70
黄玉米秸	1000	500	8	900	60～70
青玉米秸	1000	250	—	—	60～70

配制菌液可用牛场的饮牛水箱,水箱容积一般在 1 000～2 000 升,最好有 2 个水箱以便交替使用。喷头可自制,用一段40～50 厘米的铁管,将铁管的一端用锤打扁,成鸭嘴状,另一端套在橡胶水管上即可使用。这种方法用于大型牛场及育肥场,一次处理 50 吨以上。此方法具有省工、省时、效率高等特点。

(三)**秸秆的揉碎** 用于微贮的秸秆一定要进行揉碎处理。揉碎的长度,养羊用 3～5 厘米,养牛用 5～8 厘米。这样易于压实和提高微贮窖的利用率,保证微贮饲料制作质量。揉草机可选用 9RSZ-530 型多用途揉碎机。

(四)**秸秆入窖** 在窖底铺 20～30 厘米厚的秸秆,在其上喷洒菌液,压实后再铺放 20～30 厘米厚的秸秆,然后再喷洒菌液、压实。如此填装,直到高出窖口 40 厘米,再封口。分层压实的目的,是为排出秸秆空隙中的空气,造成厌氧环境。如果窖内当天未装满,可盖上塑料薄膜,第二天揭开薄膜继续装窖。

压实机械一般用拖拉机。大型窖应选用链式或大功率轮式拖拉机,中小型窖可用小四轮拖拉机。压窖的拖拉机要保证不漏油,行走部分不带泥土,并在排气管上配装灭火器。家庭加工微贮小窖可用人力踩压。

微贮秸秆含水量要求达到 60%～70%。由于这些秸秆本身的含水率很低,需要补充含有菌剂的水分。因此,需配一套由水箱、水泵、水管和喷头组成的喷洒设备。水箱的容积以1 000～2 000 升为宜。水泵最好选用潜水电泵,水管选用软管。家庭养牛、羊,可用喷壶或脸盆直接喷洒或泼洒。

(五)封窖 秸秆分层压实铺放到高出窖口 40 厘米时,在最上面一层均匀洒上食盐粉,压实后盖上塑料薄膜。食盐的用量按窖口面积为每平方米 250 克,其目的是确保微贮饲料上部不发生霉烂变质。盖上塑料薄膜后,在上面铺 20～30 厘米厚的稻、麦秸秆,覆土厚 15～20 厘米,封窖。密封的目的是为了隔绝空气与秸秆接触,保证微贮窖呈厌氧状态。

(六)加辅料 在微贮麦秸和稻草时,应添加 0.5% 的玉米粉、大麦粉或麸皮。这样做的目的,是在发酵初期为菌种的繁殖提供一定的营养物质,以提高微贮饲料的质量。添加玉米粉,大麦粉或麸皮时,应铺一层秸秆撒一层粉。

(七)贮料水分控制与检查 微贮饲料的含水量是否合适,是决定微贮饲料好坏的重要条件之一。秸秆微贮饲料的含水量要求在 60%～70%。当含水量过多时,降低了秸秆中糖的胶状物浓度,产酸菌不能正常生长,导致饲料腐烂变质。而含水量过少时,秸秆不易被踩实,残留的空气过多,保证不了厌氧发酵的条件,有机酸生成量减少。在菌液喷洒和压实过程中,要随时检查贮料的含水量是否合适,各处是否均匀一致,特别要注意层与层之间水分的衔接,不得出现夹干层。含水量的检查方法是：抓取贮料试样，用双手扭拧，若有水往下滴，其含水量约为 80% 以上；若无水滴，松开后看到手上水分很明显，约为 60%～70%；若手上有水分（反光），约为 50%～55%。

二、利用科诺秸秆发酵剂制作秸秆微贮饲料成败的关键

（一）压实　压实好坏是微贮饲料制作成败的重要一环。如果压实不紧，窖内残存的空气不利于秸秆发酵菌的生长，反而为霉菌、腐败菌创造了条件，以致使微贮饲料霉烂变质。

（二）密封　微贮秸秆即使压实好，如上部密封不严或窖周围漏气也容易造成霉烂变质。解决的方法是要按前面介绍的封窖方法，以保证空气不能进入窖内。

（三）微贮窖大小要适当　一般情况下，制作 1 窖微贮饲料，牛、羊在 1 个月内吃完即可。如长年饲养牛羊，可多建几个微贮窖，以便交替使用。开窖后若牛、羊来不及吃完，时间长了容易造成微贮饲料局部变质霉烂。一般微贮窖每立方米可容纳稻、麦秸秆 250～350 千克，可容纳玉米青、黄秸秆 500～600 千克。家庭养牛、羊，可利用现有的青贮窖或氨化池。

三、利用科诺秸秆发酵剂制作的秸秆微贮饲料质量鉴别

封窖 21～30 天后，即可完成微贮发酵过程。可根据微贮饲料的外部特征，用看、嗅和手感的方法鉴定微贮饲料的好坏。

（一）看　优质微贮青玉米秸秆饲料的色泽呈橄榄绿色，稻、麦秸秆呈金黄色。如果变成褐色或墨绿色，则质量较差。

（二）嗅　优质秸秆微贮饲料具有醇香和果香气味，并具有弱酸味。若有强酸味，表明醋酸较多，这是由于水分过多和高温发酵造成的；若有腐臭味与发霉味，这是由于压实程度不够和密封不严，由腐败微生物和霉菌发酵造成的，这种微贮饲料应禁用。

（三）手感　优质微贮饲料拿到手里很松散，且质地柔软湿润。若拿到手里发粘，或粘在一起，说明微贮料开始霉烂；有的虽然松散，但干燥粗硬，也属不良饲料。

四、利用科诺秸秆发酵剂制作的秸秆微贮饲料饲喂家畜的方法

秸秆微贮饲料应以饲喂草食家畜为主，可以作为家畜日粮中的主要粗饲料。饲喂时应与其他草料搭配，也可以混合精料饲喂。开始时，家畜对微贮饲料有一个适应过程，应循序渐进，逐步增加微贮饲料的饲喂量。一般每天每头（只）的饲喂量为：奶牛、育成牛、肉牛 15～20 千克，羊 1～3 千克，马、驴、骡 5～10 千克。

在目前情况下，越冬绵羊在饲喂微贮饲料时，一定要添喂含有矿物质和非蛋白氮等成分的添加剂，才能达到营养平衡。在一般饲养条件下饲喂微贮饲料，每只成年绵羊每天需补饲 50～150 克压碎玉米，150～200 克油饼（如葵花籽饼、脱毒棉籽饼等）、矿物质添加剂和少量苜蓿。表 5-2 为家畜日粮的参考配方。

五、注意事项

霉变的农作物秸秆，不能用以制作微贮饲料。秸秆微贮后，一般需在窖内贮存 21～30 天，才能取喂。取料时一定要从

一角开始,从上到下逐段取用。每次取出量应以当天能喂完为宜。每次取料后必须立即将取料口封严,以免空气和雨水浸入,引起微贮饲料变质。每次投喂微贮饲料时,要求槽内清洁,对冬季冻结的微贮饲料,应化开后再饲喂。微贮饲料由于在制作时加入了食盐,这部分食盐量应在饲喂牲畜的日粮中扣除。

表 5-2　家畜日粮的参考配方　（％）

饲料名称	配方 1	配方 2	配方 3	配方 4	配方 5	配方 6	配方 7
麦秸或稻草微贮	73.6	55	32	75	60	45	40
玉米秸微贮	5	20	5	15	10	30	30
玉米(压碎)	5	20	10	5	19.5	4.5	30
麸　皮	15	5	35	5	10	20	—
苜蓿干草	0.6	—	15	—	0.5	0.5	—
脱毒棉籽饼或葵花籽饼	0.8	—	—	—	—	—	—
石　粉	—	—	3	—	—	—	—

第三节　采禾秸秆发酵剂及其使用方法

一、采禾秸秆发酵剂

采禾秸秆发酵剂的主要成分是芽孢杆菌、乳酸菌、酵母菌、木霉、白地霉、纤维素酶等微生物活性物质。它能够把农作物秸秆转化成为秸秆生物饲料,用这种秸秆生物饲料喂养家畜能够降低成本、提高效益、改善环境。该项技术 1999 年 12 月 17 日通过技术鉴定,2001 年 4 月 12 日经国家农业部审查获准生产。证书编号:饲添(2001)0833;批准文号:鲁饲添字

(2001)095051;产品标准号:Q/ZCH001-2001。

二、利用采禾秸秆发酵剂制作秸秆生物饲料的方法

(一)准 备

1. 发酵器具的选择 不漏气的塑编袋、缸或水泥池。

2. 农作物秸秆粉碎 可用孔径5毫米左右的筛片加工。以多种农作物秸秆粉组成的秸秆原料效果为好。

3. 相关材料预备 每1 000千克秸秆粉,要预备玉米粉50千克,麸皮50千克,豆饼(粕)粉50千克。

4. 菌液的配制

(1)制剂及用量 采禾秸秆发酵剂制作牛、羊生物饲料使用的比例是1:3 000;制作猪用生物饲料使用的比例是1:833(即120克制剂发酵100千克秸秆粉)。

(2)白糖水的配制 配制浓度小于或等于1‰的白糖水溶液800毫升,为发酵100千克秸秆原料的用量。

(3)菌种复活 把120克采禾秸秆发酵剂倒入30℃~36℃度的800毫升白糖水溶液中充分溶解,在常温下放置1~2个小时后使用。复活好的菌种要及时使用,隔夜不能再用。发酵大量秸秆原料时,可参照此法将菌种复活。

(4)菌液稀释 将复活好的菌液加入一定数量饮用水进行稀释。水的用量是根据秸秆原料的含水量决定的。一般来讲,含水量小于10%的秸秆,用水量是秸秆原料重量的1.8~2倍。

5. 混 合

将秸秆粉与玉米粉、麸皮、豆饼(粕)粉均匀混合。然后喷洒菌液稀释液,边喷洒边拌合均匀,使混合料的含水量以手握

成团指缝内不滴水,松手散开为宜。如果配制的菌液不够,可适当加水。

（二）**装料** 把混合好的秸秆粉装入密闭容器或设备中,层层压实,最后密封。

（三）**发酵** 适宜的温度是 20℃～30℃,发酵时间3～4天。气温低时,发酵时间宜长些;气温高时,发酵时间可短些。

三、秸秆生物饲料质量鉴别

（一）**看** 优质秸秆生物饲料色泽均匀,玉米秸、麦秸呈金黄色或褐色。

（二）**嗅** 优质秸秆生物饲料具有醇香味和果香味,并具有微酸味。若有强酸味,表明醋酸较多,这是由于水分过多和高温发酵造成的;若有腐臭味与发霉味,应予以废弃,不能饲喂。这是由于压实程度不够和密封不严,使有害微生物污染造成的。

（三）**手感** 优质秸秆生物饲料拿到手里感到很松散,且质地柔软湿润。若拿到手里发粘,或者粘在一块,说明秸秆生物饲料已经霉烂;有的虽然松散,但干燥粗硬,也属于不良饲料,多为水分偏低所致。

四、饲喂秸秆生物饲料注意事项

第一,取料时,应从上到下、从头(外)至里分层逐段取用,随用随取。

第二,每天取出量应以当天喂完为宜。

第三,每次取料后立即封口,以免空气进入和雨水浸入引起饲料变质。

第四,每次投喂饲料时,要求槽内清洁,冬季使用秸秆生物饲料应少给勤添,也可以与干饲草混合饲喂,以防寒冷冻结。

第五,霉变的农作物秸秆不宜制作秸秆生物饲料。

第六,如果在制作秸秆生物饲料时加入了食盐水,日粮中,应扣除秸秆生物饲料中的含盐量。

五、饲喂方法

开始饲喂时,要循序渐进地更换,与原饲草(料)搭配使用,几天后家畜就可适应,所有家畜均喜欢采食。大量饲喂结果表明,秸秆生物饲料对马、牛、羊、驴、骡等家畜均未引起任何不良影响。

第四节 海星秸秆发酵活干菌及其使用方法

一、微贮的方法和步骤

(一)微贮设施 微贮可用水泥池、土窖,也可用塑料袋。水泥池是用水泥、沙子、砖为原料在地下砌成的长方形池子。最好砌成两个相同大小的,以便交替使用。用水泥池微贮的优点是不易进水进气,密封性好,经久耐用,成功率高。土窖的优点是成本低,方法简单,贮量大,但要选择地势高、土质硬、向阳干燥、排水容易、地下水位低的地方,在地下水位高的地方不宜采用。水泥池和土窖的大小应根据需要量设计建造,深度以2米为宜。

(二)菌种复活 新疆农业科学院微生物研究所生产的海星牌秸秆发酵活干菌每袋3克,可处理秸秆1吨或青饲料2吨。在处理前先将菌种倒入25升水中,充分溶解。最好在水中先加糖 2 克,溶解后,再加入活干菌,然后在常温下放置 1 ～2 个小时使菌种复活,成为活的菌种。这样可提高复活率,保证饲料质量。配制好的菌剂一定要当天用完。

(三)**菌液的配制**　将复活的菌剂倒入充分溶解的 1% 食盐水中拌匀。食盐水及菌液量根据秸秆的种类而定,1 000 千克稻草或麦秸加 3 克活干菌、12 千克食盐、1 200 升水;1 000千克玉米秸秆加 3 克活干菌、8 千克食盐、800 升水;1 000 千克青玉米秸秆加 1.5 克活干菌,水适量,不加食盐。

(四)**秸秆切短**　用于微贮的秸秆一定要切短。养牛用的长度为 5～8 厘米,养羊用的长度为 3～5 厘米。这样易于压实和提高微贮窖的利用率及保证贮料的制作质量。

(五)**喷洒菌液**　将切短的秸秆铺在窖底,厚约 20～25 厘米,均匀喷洒菌液,压实后,再铺 20～25 厘米秸秆,再喷洒菌液,压实,直到高于窖口 40 厘米,再封口。如果当天装窖没装满,可盖上塑料薄膜,第二天揭开塑料薄膜后再继续装填。

(六)**加入玉米粉等营养物质**　在微贮麦秸和稻草时应加5% 的玉米粉、麸皮或大麦粉,以提高微贮料的质量。加大麦粉或玉米粉、麸皮时,铺一层秸秆撒一层粉,再喷洒 1 次菌液。

(七)**水分的控制与检查**　微贮饲料的含水量是否合适,是决定微贮饲料好坏的重要条件之一。因此,在喷洒和压实过程中,要随时检查秸秆的含水量是否合适,各处是否均匀一致,特别要注意层与层之间水分的衔接,不要出现夹干层。含水量的检查方法是:抓取 1 把秸秆,用双手扭拧,若有水往下滴,其含水量为 80% 以上;若无水滴、松开后看到手上水分很明显,约为 60%;若手上有水分(反光),约为 50%～55%;感到手上潮湿,约为 40%～45%,不潮湿则在 40% 以下。微贮饲料含水量要求在 60%～65%。

（八）**封窖** 当秸秆分层压实铺填到高出窖口 40 厘米时，在最上面一层均匀撒上食盐粉，再压实后盖上塑料薄膜。食盐的用量按窖口面积为每平方米 250 克。其目的是确保微贮饲料上部不发生霉变。盖上塑料薄膜后，再铺上 20～30 厘米厚的秸秆，覆土厚 15～20 厘米。秸秆微贮后，窖池内贮料会慢慢下沉。如果低于地面时应覆土垫高。要在微贮窖周围挖好排水沟，以防雨水渗入。

（九）**开窖** 应从窖的一端开始，先去掉上边覆盖的土层，然后揭开塑料薄膜，从上至下垂直逐段取用。每次取完后，要用塑料薄膜将窖口封严，尽量避免微贮饲料与空气接触，以防二次发酵和变质。

二、微贮饲料的饲喂方法

在气温较高的季节封窖 21 天，气温较低季节封窖 30 天，即可完成微贮发酵。开窖后，首先要进行质量检查。优质的微贮饲料色泽金黄色，有醇厚的果酸香味，手感松散、柔软、湿润；如呈褐色，有腐臭或发霉味，手感发粘，或结块或干燥粗硬，则可判定为质量差，不能饲喂。开窖、取料、再盖窖等操作和注意事项与青贮饲料相同，应当天取当天用完。饲喂时应与其他饲料和精料搭配使用，要本着循序渐进逐步增加喂量的原则饲喂。喂微贮饲料要特别注意日粮中食盐的用量。因在微贮中已加入食盐，每千克微贮干玉米秸秆中约含食盐 3.7克，连同上层撒的食盐量，每千克达 4.1 克。应根据每日饲喂微贮料的重量，计算出其中食盐的重量，然后从日粮应加盐中扣除。

三、注意事项

第一,秸秆微贮饲料,一般需要在窖内贮藏 21～30 天才能取喂。

第二,取料时要从一端开始,从上到下逐段取用。每次取用量应以当天喂完为宜。取料后要将口封严,以防引起饲料变质。

第三,每次投喂时要求槽内清洁。冬天饲喂时,冻结的微贮饲料应化开后再用。霉变的作物秸秆不宜用来制作微贮饲料。

第五节 沈农牌秸秆饲料发酵促进剂及其使用方法

沈农牌秸秆饲料发酵促进剂中含有纤维分解菌、乳酸菌和酵母菌等多种有利于秸秆降解的微生物,使用时要另加促进剂。促进剂中含有多种水解酶和微量元素,可有效增强微生物的生命活动,加速秸秆分解和转化。

一、准备工作

选用无霉变的玉米秸、稻草、麦秸、豆秸等农作物秸秆,根据饲养对象进行适当粉碎。喂猪、鹅、鸭的秸秆粉碎粒度越细越好,喂牛、羊的秸秆应切(或经揉碎机揉碎)成长度 0.5～2 厘米的小段。发酵容器根据养殖规模可选用塑料袋、塑料桶、缸和水泥池等。

二、制作方法

（一）**菌种活化**　将 2.5 千克糖溶解在 10 升 30℃ 左右温水中，加入发酵剂 1 千克，充分混合后放置 1～2 小时。促进剂 1 千克加食盐 2 千克，先用 50 升水充分溶解，然后与活化好的发酵剂混合在一起，加水到 1 000 升左右，可处理 500 千克干秸秆。

（二）**发酵方法**　在水泥地或池上放切好的秸秆，也可掺入适量玉米面、豆粕等，将配制好的菌液与秸秆均匀混合，装入塑料袋中压实，密封发酵 5～12 天。发酵时间长短根据环境温度而定，最低发酵温度为 10℃，温度升高发酵时间相应缩短。发酵好的秸秆饲料色泽为金黄色或浅黄色，具有酒香或苹果香味，手感质地松软。

（三）**几点建议**　秸秆发酵后在使用期间要避免频繁开口，开口后应立即重新封好，以防发生霉变。一旦出现霉变现象或有异味产生，应停止使用。

各种秸秆可单独使用或搭配使用，优先选用秸秆的顺序是玉米秸──→稻草──→麦秸，豆秸可按 5%～15% 的比例添加到上述秸秆中。青绿秸秆和干黄秸秆均可使用，但霉变秸秆和高粱秆不能用来做饲料。

第六节　华巨秸秆微贮宝及其使用方法

华巨秸秆微贮宝是武汉市华巨生物技术有限公司与微生物研究所专家、华中农业大学动物营养专家和湖北省农科院畜牧专家通过技术联合，共同攻关，历经几年的时间研制而成。它属于微生物制剂，具有菌系搭配合理、活性高、稳定性好、耐贮存、安全环保等特点。其主要成分由嗜酸乳杆菌、乳杆菌、乳酸链球菌、粪链球菌、产朊假丝酵母等有益菌经科学配伍组成。该制剂通过多菌种复合作用,将稻草、玉米秸、麦秸、大豆秸等农作物秸秆处理后,可用于饲喂牛、羊、鹅等草食家畜(禽)。

一、华巨秸秆微贮宝微贮原理

第一,木霉的纤维素酶制剂含有纤维素二糖酶及淀粉酶,能使秸秆饲料中部分纤维素水解成糖或转化成有机酸,同时也使纤维素分子结构发生重大变化,支链变成了直链。

第二,乳酸菌在发酵的过程中产生大量乳酸,抑制了腐败菌的生长;枯草芽孢杆菌在发酵过程中产生了大量的蛋白酶、脂肪酶、淀粉酶、糖化酶等,促进饲料的消化与吸收。

第三,乳酸菌、酵母菌、芽孢杆菌及其代谢产物在消化过程中还能起到提供营养、防治疾病、促进生长的作用。

二、华巨微贮宝饲料制作过程

(一)微贮宝饲料的原料处理 用来做微贮的秸秆应事先用切碎机、铡草机或粉碎机切碎,一般用于喂羊的可切成 3～5 厘米,喂牛可切成 5～8 厘米长,有条件的地方切碎后再经揉搓松散则更好。原料切碎后就容易压实,空气排出好,养分损失也小。

一般采用大的微贮窖制作微贮时,采用机械化连续作业,秸秆一边切碎一边装料。如果是用小型微贮设施,没有装料机,可以先用铡草机铡碎,然后人工填料。

(二)原料水分的控制 原料加水是微贮技术中重要的一环,一般要将原料的含水量控制在 60%～70%。生产中常用以下两种方法判断加水量是否适当。

第一种是手抓法。即用手抓一把原料,放在手心,手指握紧,用力挤压,注意手中原料是否被握成团状,然后把手松开,原料应缓慢散开,观察手指上应留有小水珠,而指缝间无水滴,原料含水量一般在60%~70%,说明加水量适当;如果指缝间有水滴滴下来,或手指上见不到小水珠,说明原料太湿或太干。

第二种方法是绞拧法。即拿起一把原料,两只手像拧衣服一样,向两个相反方向用力绞拧,注意能看清植物茎叶缝隙中的小水珠。如果有水珠而不下滴,说明原料含水量在60%~70%,证明加水量适当;如果有水滴滴下来或看不见小水珠,说明原料含水量过多或不足。

含水量过多的原料应事先晾晒降低含水量。微贮主要针对黄干秸秆,一般含水量都不足,应补充水分。为了方便制作,表5-3列出麦秸、稻草和玉米秸等原料微贮时的加水量。

表5-3 麦秸、稻草和玉米秸等微贮的加水量

原料名称	含水率(%)	微贮原料量(千克)	需要水量(升)
麦秸或稻草	8~10	1000	1250
黄干玉米秸	20~30	1000	750~1000
玉米秸(收获粮食后)	40~50	1000	250~500

如果对较干秸秆含水量估计不准确,可先称取1千克左右原料,按估计的加水量加好,拌均匀,过十几分钟,待水分均匀渗透后,用手抓法或绞拧法看看含水量是多还是少。这样反复做过几次,就有了经验。

大型窖微贮时,应采用自动喷水设备,控制好流量,一边装料,一边洒水。如果是个体养殖户,做的原料少,没有洒水

机,可以人工洒水,人工混拌均匀。

（三）温度　市面上所出售的微贮宝所含菌剂处于休眠状态,使用时要用30℃的温水活化菌种30分钟,使微生物菌剂复苏。这有利于菌种生长,缩短微贮周期。

为了缩短微贮周期,微贮原料最好使用30℃的水进行水分补充,然后加入菌剂迅速入窖,这样可使菌剂迅速繁殖。

（四）华巨秸秆微贮宝的加入　目前武汉市可以买到的华巨秸秆微贮宝有两种,一种是固体的,另一种是液体的。华巨固体秸秆微贮宝每克含秸秆微贮菌为40亿个,每包50克,可以制作1吨微贮秸秆饲料。这种固体生物发酵剂比较适合小型窖或池、塑料袋贮。在填料时,可把菌剂放在少量麦麸或玉米面中,均匀地洒在原料里。一般麦麸或玉米面的加入量为原料的1%,最好用30℃左右的温水先活化30分钟,再均匀喷洒。液体菌剂是用塑料瓶包装,每毫升含60亿个秸秆微贮菌。每瓶50毫升,可制作1吨微贮秸秆饲料。制作时先用少量水稀释一下,然后与水混合均匀,用抽水泵或喷水机将水和菌液均匀洒在原料里。

为了使这些菌剂更好地生长、繁殖,微贮时要加入0.8%～1%的食盐。可先把食盐溶解于水中,然后把稀释过的菌液倒入,充分搅拌即可。

由于大型微贮窖往往要连续调制几天,这样就要计划好1天能装多少原料,需要多少水、多少食盐、多少菌剂。用多少配多少,当天配制的当天要用完。

华巨牌秸秆微贮宝也适用于青贮。青贮原料中加入这些有益微生物后,会使青贮发酵速度加快,一般可由原来的30天缩短为10天,而且提高了青贮的质量,对促进动物生长非常有利。

制作微贮宝饲料时,如果在原料中加入1%的麦麸或玉米粉(南方可加些甘蔗渣、柑橘渣等),微贮效果会更好。

(五)装填、压实与封窖 在微贮宝饲料制作时,大、中型窖与小型窖略有不同,现分述如下。

1. 大、中型微贮窖微贮 大、中型微贮窖一般采用机械化连续作业,秸秆由切碎机边切边铺到窖底,盐水及菌剂可贮在水箱或修建在窖旁的贮水池中,用泵抽取,边铺秸秆边洒水,洒水量由流量计控制。大约铺30~40厘米厚时,用拖拉机来回碾压实,并特别注意一些边角部分,要反复压实。如果1天装填不完,可分段进行,每天铺5米左右一段,用塑料薄膜盖好,第二天揭开再继续作业。原料铺一层,洒一层水,再压实一层,一直铺到窖顶。由于秸秆在微贮过程中要自然下沉,为了防止透气,秸秆装填的高度要高出窖顶30~40厘米,再充分压实,尤其要注意一些边角,不能留有空隙。上面用塑料薄膜盖严,周围用砖或石块压紧,上面覆20~30厘米厚的细土,严密封顶。如果在雨季,最好选择天气晴好的日子,抓紧时间,快装料快封顶,防止雨水渗入。

2. 小型水泥池、大缸等微贮 小型水泥池或大缸制作微贮饲料,应先按容积计算好所需原料数量,然后将原料铡成3~5厘米长的小段备用。用水桶或大缸把水、食盐、菌剂按比例混合均匀后,装入小型喷洒机,边装边喷水。如果没有喷洒机,可以用桶、盆把水泼洒在秸秆上,用木锨、木耙等来回翻倒秸秆,直到水完全浸透秸秆,便可往池中装填,每层铺30厘米左右,用脚踩实或用木夯压实,每铺一层压一层。如果是使用固体菌剂,则每铺一层秸秆撒一层混匀在麦麸或玉米粉中的菌剂,然后压实。压实时也要注意边角,不要留下空隙。秸秆装填的高度要高出池顶部30厘米左右,然后用塑料薄膜盖严,用泥土封好。

3. 塑料袋微贮 塑料袋一定要选质地结实的。不妨先将微贮原料装入编织袋中,然后外套塑料袋。秸秆要事先加好盐水和菌液,也可用固体粉状菌剂和秸秆拌合均匀后,一层一层装进袋里,每装一层都要仔细用力压实,不留死角,尤其袋角部分,直到装满为止。然后将塑料袋口扎紧,码在一起,用土埋起来,或放在挖好的坑里,上面覆30厘米左右的土。这种办法比较适用于个体养牛户或养羊户。

(六)微贮的后期管理 微贮的后期管理也十分重要,否则将会造成不必要的损失,甚至前功尽弃。

封窖后1周之内应随时观察,注意有没有因为原料下沉造成窖顶覆土裂缝或下沉现象。一旦发生这些情况,应当用土填平并压实,以防止漏气。雨季窖周围要挖排水沟,防止地面水渗入窖内。

塑料袋微贮时要防止被鼠咬破袋子。要在袋子堆放处设防鼠隔板,撒些灭鼠药。但在取料前要认真清理这些毒饵,防止毒饵与饲料混在一起。

三、微贮宝饲料品质的鉴定

微贮宝饲料在饲喂前一定要进行质量鉴定。因为质量不好或质量很差的微贮饲料,不但没有饲用价值,反而对牲畜有害。

鉴定微贮宝饲料的品质,首先必须正确采样,使采取的样品具有代表性。采取样品时要从微贮窖的不同层次,依次取样。如果是圆形窖,可以中心为圆心,由圆心到窖壁30~50厘米为半径划一圈,在圆心和这个圆周上均匀采取4个点上的样品。如果是矩形窖,可在一断面上均匀取3行,每行3个点的样品作鉴定(图5-1)。

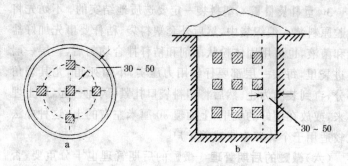

图 5-1 不同微贮窖取样点示意图 （单位:厘米）

a. 圆形窖 b. 矩形窖

取样时先把表面 30 厘米左右的微贮料除去,用比较锐利的刀切取 20 厘米见方的微贮料,注意不要用手掏取。取样后应马上把微贮窖封好,以免空气进入。也可以在制作微贮饲料时,把茎、叶比例配好,分别装入塑料袋中,并按图 5-1 示意的位置放在微贮窖内,取样时就很方便了,只要把周围微贮料刨松一些,便可取出。

农户可以用感官鉴定的办法来鉴定微贮宝饲料的品质。有经验的农户通过感官鉴定,可以达到品质鉴定的目的。所以说,感官鉴定方法是切实可行的。一般感官鉴定为上等的微贮饲料,实验室分析结果肯定也是优良的。

感官鉴定可以概括为“一看,二闻,三摸”。

一看 就是看微贮饲料的颜色和植物的茎叶形态等。一般来讲,微贮后呈现的颜色,比较接近原料原来的颜色。例如麦秸、稻草,呈现出比原来颜色稍深的黄色,仔细观察略有光泽。黄干玉米秸,茎呈暗黄色,叶子略带绿色。半干高粱秸、茎叶分别呈暗绿色,略带紫褐色。如果颜色发乌无光泽,说明质量较差。

微贮秸秆茎叶等植物组织应十分分明,无论是颜色还是形态仍能很清楚地辨认出来,甚至叶脉都清晰可见。如果茎叶组织已分辨不清,说明微贮质量很差。微贮饲料不应有霉烂变质现象,如果颜色发黑、发暗,植物组织难以辨认,而且有霉斑,或白色、黄色、黑色霉块等,说明微贮品质很差。

二闻 就是用鼻子仔细地闻其气味。好的微贮宝饲料应该有一种明显的酸香味,其气味类似酒香,给人以舒适柔和的感觉;如果是刺鼻的酸味,或无酸味,或有腐烂的气味都说明微贮质量不好。

三摸 就是用手去抓微贮宝饲料,仔细摸一摸,如果感觉松散、柔软而略带湿润是品质好的;如果能捏成一团,感觉粘粘糊糊的,或者过分干燥、粗硬,都是品质差的表现。

为了便于读者掌握,表 5-4 列出了微贮宝饲料感官质量鉴定的标准,作为判断微贮宝饲料质量的依据。

表 5-4　微贮宝饲料品质感官鉴定标准

品质等级	颜　色	气　味	质　地	适喂范围
优	与微贮原料颜色相近,有光泽,组织茎叶结构清晰可见	有柔和酸香味,闻过后感到舒适,留在手上的酸味容易被水洗掉	柔软、湿润、膨松,无粘结成块现象	各种家畜
良	与微贮原料颜色相似,略有些发暗,植物组织结构尚可辨认,无霉斑	酸味较浓重,刺鼻,但也无霉烂臭味	略湿发粘或稍干枯,但尚无结块现象	妊娠家畜除外

品质等级	颜 色	气 味	质 地	适喂范围
差	颜色已发黑,有霉斑	霉烂臭味,畜栏粪臭味,弄到手上很长时间仍留有臭味	发粘结块,植物组织茎叶已很难分辨或过分干硬粗糙	不宜再作饲料

四、微贮宝饲料的开窖与饲喂

(一)开窖 微贮一般经过 10~15 天即可完成发酵过程,如果是黄绿玉米秸、高粱秸适合于青贮的鲜嫩多汁原料,时间还会缩短。由于微贮料主要是供应气温低又缺新鲜饲草的季节饲用,所以一般选在冬春开窖比较合适。如果暂时不需要,也可推迟开窖时间。

开窖时要把周围的脏土、石块、树叶等清理干净,以免这些脏物混入微贮饲料中。窖外排水沟要清理干净,严防污水渗入窖内,造成微贮料变质。

如果是长方窖或沟形窖,应从一端开口,先去掉上面的盖土,再掀开塑料薄膜。如果靠近塑料薄膜的微贮料颜色不十分好,应该把表面一层去掉。

圆形微贮窖要从顶端开启,首先要把顶部盖土去掉,再掀开塑料膜,把最上一层不太好的微贮料去掉,露出新鲜的好的微贮料即可使用。去掉的盖土及表层质量差的微贮料最好清理到离微贮窖远一些的地方,以免和好的微贮料混杂在一起,或因下雨时雨水冲洗,将霉菌带回窖内。

（二）**取用和管理** 开窖以后，对微贮窖中饲料的取用及管理仍十分重要。因为微贮的原理是造成一个厌氧环境，让厌氧的乳酸菌生长繁殖，从而抑制好氧的霉菌和其他杂菌。一旦开窖，氧气进入后，各种好氧菌就会活跃起来，微贮原料有时会因为这些好氧菌的活动而发生霉变，也有的称为二次发酵。如果发生二次发酵，会造成很大的损失。

圆形窖取料时应自表面一层一层往下取，不要随意从某个地方掏取，始终让微贮料保持一个完好的层面。每天取料厚度 8～10 厘米为好，取料时可用锹或铁权等，取完后用塑料薄膜继续盖好。如果是露天圆形窖，最好再搭一个简易遮雨棚，以防雨淋。

长方形或沟形窖，取料应从一端开始，每天垂直取 8～10 厘米一层（每天取完料要保持一个完整的断面，切忌在某个角挖取）。为防止干燥、雨淋，取完料后要把塑料薄膜盖好。

如果由于天气等原因，微贮料保存不当，表层部分秸秆出现霉烂变质时，应马上彻底清除，清除的霉烂秸秆不要放在微贮窖口，以免继续污染整窖。

塑料袋微贮取用时，饲喂多少，取多少，剩下的仍要用绳子把袋口扎紧，放回原处。

（三）**饲喂** 由于微贮宝饲料有一种酸味，开始饲喂时，可能有牲畜不采食现象。可以采取与其他草料混合搭配，由少到多，直到完全使用微贮宝饲料。也可以采用空腹喂微贮宝饲料，然后再喂其他草料的办法，或者把精饲料拌入微贮宝饲料中先喂，然后再饲喂其他草料。用这些办法逐渐训练，直到牲畜喜食。如果是原来喂青贮饲料的牛场、羊场，就不存在这个问题。一般经过 3～5 天或 1 周训练，牲畜就会完全适应了。所以，不要一开始发现牛、羊不喜食，就误认为微贮饲料不能喂家畜,或认为这项技术不适合用来处理秸秆。

微贮宝饲料必须与精饲料和其他饲料合理搭配饲用。

由于制作微贮宝饲料时加入了 0.8%～1%的食盐,因此在家畜日粮中需要扣除这部分食盐的用量。

饲喂微贮饲料时要经常注意将牛、羊食槽中清理干净,最好是喂多少,取多少,保持饲料的新鲜。用微贮饲料喂奶牛应在挤奶后喂,不要在挤奶房内存放微贮饲料,以免使牛乳中混入微贮饲料的酸味,影响奶的品质。

第七节 草捆微贮和"面包草"微贮技术

一、草捆微贮

草捆微贮技术是采禾公司根据草捆的青贮技术发展起来的。

(一)草捆微贮的优点 ①在翻晒、打捆、收集和搬运等作业中可以节省大量的劳动力,节省 25%～40%的作业时间。②改善一系列的作业效率,减少牧草收获时的损失。③草捆微贮不需要特殊设施(微贮塔、微贮窖等)。

(二)草捆微贮的调制方法 根据其贮存方式可分为袋装草捆微贮、草捆堆状微贮和拉伸膜裹包微贮等。

1. 袋装草捆微贮 遵循牧草半干青贮的基本原理,按通常的方法收割牧草,铺成草条,用捡拾压捆机制成大圆捆。将圆草捆分别装入塑料袋,调好水分和加进菌种,再把袋口系好,保持密封,选择一块坚实而干燥的场地将草捆垛好。

此项微贮的技术要点为:①水分含量符合半干微贮要求;②草捆密度越大越好,而且尽可能做到密度均匀一致;

③草捆与塑料袋之间的空隙,以"贴身"为最佳,减少袋内空气残留;④选择结实和具有柔韧性的优质塑料袋;⑤要防止鼠害和其他因素的危害。

2. 草捆堆状微贮 将草捆调好水分并加进菌种,堆成紧凑草垛,再用结实的塑料布盖严,使之不透气。

(1)草捆堆状微贮的缺点 ①草捆间隙有空气残留,易出现白色霉块。②开启之后容易产生二次发酵,所以规模不能太大。

(2)草捆堆状微贮的技术要点 ①原料的水分含量要满足半干微贮的要求,并且草捆的密度要高。②草捆之间尽量不要存有空隙,如有空隙要拆开填草,地下微贮窖内多层堆状贮存时尤其要注意。

二、"面包草"微贮技术

"面包草"是将新鲜或晾干的牧草、玉米秸秆、稻草等揉碎后浸水,用打捆机高密度压实打捆,同时加入秸秆发酵剂菌液,然后用裹包机把草捆用塑料拉伸膜裹包,创造一个最佳的密封、厌氧发酵环境,发酵后形成生物粗饲料。

(一)设备 主要有秸秆揉搓机、牧草捆扎机和圆捆包膜机。

(二)准备工作 ①秸秆预处理场地要求为水泥地面。"面包草"存放场地可以是大型厂房,也可以露天。"面包草"堆放完毕后,最好有遮光、保温措施。②具备电源与水源。③秸秆发酵剂。④拉伸膜及打捆用线绳。⑤搬运工具。⑥配套使用的设备以及备件。⑦工人上岗前要进行安全教育和技术培训。

(三)工艺流程

1. 揉搓 使用秸秆揉搓机将收集来的原料进行揉搓。操作者通过调节锤片的数量调整秸秆的揉搓效果及碎料的多少。减少锤片,出料秸秆加长,碎料减少;增加锤片,出料秸秆变短,碎料增加。

2. 浸水 将揉搓好的秸秆条用饮用水充分浸泡,24小时以后将原料进行打捆处理。

3. 配制菌液 根据秸秆青、黄程度及重量,计算所需秸秆发酵剂的使用量,并将秸秆发酵剂配制成相应的菌液,以备打捆时使用。

4. 打捆 操作工将饲草均匀送入打捆机的工作仓内,以供机器压缩打捆。在此同时,还要做两项工作:一是加入秸秆发酵剂,即将准备好的菌液均匀地洒在预捆饲草上面,随洒随向打捆机的工作仓送料;二是向料仓投入打捆绳。即当信号轮已随机匀速转动时,应停止进料,扳动送线控制手柄并同时少量送料,绕线机构能自动完成捆扎过程。当捆扎完毕,线绳被切断后,方可启动开仓手柄,开仓出捆。这时打捆工序完成。

5. 包膜 将草捆放置在圆捆包膜机两支撑端盖中间、两条皮带之上,拉伸膜手动包膜半周并将端部塞入捆扎绳内,扳动离合手柄待旋转架带动草捆一同转动,草捆拉伸膜自行缠绕,并自动完成包膜工作。当包膜工作完成2层或4层后,机器旋转架自动停下,这时包膜完毕,操作工可卸下包好膜的草捆,然后放上新的草捆进行下一轮工作。

6. 贮存 将包好膜的草捆有序地放在预定地点贮存。在10℃左右的气温下,发酵2周后就可以饲喂。

三、"面包草"微贮技术的意义

(一)进一步扩大了秸秆饲草的资源 由于秸秆发酵剂的独特作用,青、黄秸秆和其他饲草都可以成为"面包草"的原料。突破了拉伸膜包裹仅能制作青贮的界限。作为微贮方法，黄秸秆得到有效利用。

（二）损失浪费最少　窖装青贮和微贮由于不能及时密封或密封不严，往往造成上部霉烂变质。据调查仅此一项损失可占总量的 15% 左右。此外，窖装青贮和微贮在开窖以后，由于日晒、雨淋、霉烂造成较大损失。而"面包草"在秸秆发酵剂的作用下，营养物质不但没有损失，反而有所增加。同时"面包草"微贮，还具有很好的抗日晒雨淋、抗风寒等功能，没有二次发酵的危险，几乎没有霉烂。

（三）灵活方便　制作与贮存地点灵活，可以在农田、草场，也可以在饲养场院内及周边任何地方制作与贮存。"面包草"微贮制作方便，既不用挖窖，也不用大量的人力进行笨重的劳动，并且在任何气候条件下都不会影响被贮饲料的质量。

（四）适合长途运输和商品化生产　窖装青贮和微贮饲料一般只能就地生产，就地饲喂，随取随喂，不适宜长途运输，不能作为商品生产。"面包草"运输起来非常方便，便于商品化生产。

（五）工厂化作业　"面包草"生产机械化程度高，操作简便易行，即使一个人也能单独操作。目前市场上的秸秆揉搓机、圆捆包裹机的规格较多，可供选择的余地较大。只要拥有秸秆与秸秆发酵剂，就可以因地制宜地工厂化生产，边生产边销售。

（六）带动秸秆饲料生产产业化　目前，养牛规模较大的地区和国有大型奶牛进口检疫隔离场等，对"面包草"的需求量是十分巨大的。因此，"面包草"技术将会以极快的速度推广开来，一个专门从事粗饲料加工的产业将被分离出来，进而带动秸秆饲料的产业化生产。

四、年产5000吨"面包草"的生产投资及效益估算

如果建一个年产5000吨的"面包草"秸秆微贮饲料厂，可为750头牛提供1年的微贮饲料，投资不大，经济效益十分可观。

（一）投资估算　1台每小时加工4吨的秸秆揉碎机，投资约0.7万元；1台每小时加工4吨的打捆机，投资约3.7万元；1台每小时加工4吨的包膜机，投资约1.5万元；200平方米厂房，投资约10万元；其他，0.5万元。合计16.4万元。

（二）生产成本

1. 秸秆原料　120元/吨。

2. 电费　5元/吨。

3. 水费　0.2元/吨。

4. 人工　2元/吨。

5. 发酵剂　10元/吨。

6. 塑料膜、捆扎绳等　50元/吨。

7. 设备和厂房折旧　3元/吨。

8. 合计　190.2元/吨。

（三）经济效益　按目前的秸秆微贮饲料市场价每吨260元计算，秸秆微贮饲料每吨的利润为69.8元（260－190.2），年产5000吨规模的秸秆微贮饲料利润为34.9万元（69.8×0.5万）。

可见，投资"面包草"秸秆微贮饲料厂的效益是非常可观的。当然，各地由于条件的不同，计算经济效益时会有一定差异，投资者应该慎重考察，找准市场后再做决定。

第六章　常用微贮微生物的简易接种及保藏技术

第一节　琼脂培养基制法

　　所谓培养基,就是适于微生物生长繁殖或累积代谢产物所需的营养环境。培养基有各种形式,如固体培养基、液体培养基等。由于每种微生物营养要求不同,培养基成分也不同。这里主要介绍对一般微生物都适用的琼脂培养基制作方法。琼脂培养基其实就是固体培养基的一种。琼脂又称洋菜或琼胶,它是从红藻类植物石花菜或其他藻类中提取出来的一种粘胶,是一种多糖物质,微生物是不能利用它作营养的,只有在作为一种含有营养物质的凝固剂时,微生物才能在它上面生长。它的溶解点为100℃,凝固点为40℃,耐热性强,重复溶化后,仍能凝固使用。所以一般琼脂培养基是可以回收使用2～3次的。回收使用时,营养成分可减少1/3～1/2。

　　琼脂有条状的和粉剂的两种,粉剂质量较好,溶化也较易。一般制作试管斜面时,可把营养物质与琼脂一起煮沸溶化,然后在一个木架子上,架上一个漏斗或一个无色盐水瓶,塞上带有橡皮管和玻管的塞子,橡皮管处安上弹簧夹控制流量,把盐水瓶倒装,即可装管。每个中型试管一般装8毫升。也可用漏斗和汤匙装管(图6-1)。这时试管要保持直立,否则极易沾污管口。若管口沾有琼脂,一定要擦干净,以免污染。

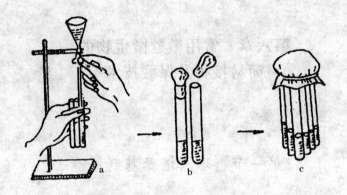

图 6-1 琼脂培养基装管法

a. 架上漏斗　b. 塞上棉塞　c. 包上防水纸

　　由于琼脂价格较贵,生产中可以用廉价的石花菜代替。实践证明,石花菜培养基培养微生物的效果与琼脂培养基效果无异。其具体做法是,先用沸水浸泡石花菜 1 小时左右,去除贝壳杂质,然后置猛火上煮,边煮边搅拌以防焦结。煮至大部分溶化成粘液状后,用纱布挤压过滤,去掉滤渣,即得石花菜溶液,加入其他营养物质重新煮沸后就可装管。石花菜用量一般为琼脂用量的 1.5 倍。

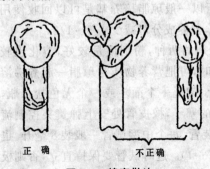

正确　　　　不正确

图 6-2 棉塞做法

　　　　装管后要塞上棉塞,棉塞要做得不松不紧不留缝隙(图 6-2)。然后每 10 支左右捆成一束,上面包上防水纸,即可进行灭菌,一般用 108 千帕压力灭菌 20～30 分钟即可。灭菌后,用一根木条架在水平桌子上,摆成斜面,斜面长度为试管的 1/3 左右。切忌培养基斜面过于靠近棉塞,以防污染(图 6-3)。

下面介绍在微生物生产中经常使用的马铃薯培养基制法。取没有发芽、无病害、无烂斑的马铃薯,削皮后称取 200 克,切成薄片,加水 1 500 毫升,熬

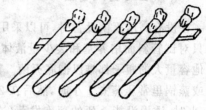

图 6-3　试管斜面摆法

煮 40 分钟,过滤取汁液约 1 000 毫升(不足量应加水)。然后加糖 20 克(有时还要视不同微生物需要,加入少量无机盐)、石花菜 30 克(或琼脂 15 克),溶化后,即可装管。用 108 千帕高压灭菌 20～30 分钟,即可摆成马铃薯培养基斜面。

第二节　几种常用的灭菌和消毒方法

在微生物生产的整个操作过程中,灭菌和消毒方法是很重要的,目的是全部或部分杀死杂菌,以利于人们需要的微生物在培养料中迅速繁殖。

一、高压灭菌法

在用高压设备灭菌时,一定要注意排除锅中的冷气,一般应排气 10 分钟,待排出的蒸汽很冲时,才关闭排气阀。灭菌完后,切忌立即放气,否则培养基会冲出,沾污棉塞(固体培养基可慢慢放气)。应待气压下降到 49 千帕以下时,才逐渐放气。有时指针指在 0 处,由于没及时起锅,松开螺旋后往往揭不开锅,这是由于锅里真空形成负压所致,可稍开放气阀放进一点

气,锅盖即能启开。

二、常压间歇灭菌法

在没有高压灭菌设备时,可以采用常压间歇灭菌法。但此法只对试管斜面培养基和装少量液体的培养基灭菌较有效。其他容量大的瓶子都难以彻底灭菌。其方法是在密闭的容器里或蒸锅里常压蒸煮 1 小时,然后在 28℃～32℃条件下培养 24 小时,诱导没能杀死的芽孢发芽(这种嫩芽较易杀死),紧接着再蒸煮 1 小时,连续 3 次即成。这种灭菌法制成的斜面一定要在 28℃～37℃条件下培养 3 天,不见杂菌污染才可用。

三、接种室消毒法

在装有紫外线灯(15～30 瓦)的地方可开灯半小时,间隔半小时后,人员才能进去工作。由于紫外线不能透过玻璃,所以一切玻璃器皿进接种室前,都要经过蒸汽消毒并用 75%的酒精擦拭表面。菌种也可用酒精作表面消毒后置于接种室,然后再开紫外线灯。工作人员应穿上工作服进接种室。切忌满身污灰或接触杂菌后(如清洗杂菌污染的器具,清理杂菌污染的产品等)进接种室。接种室每 10 天就要用 2%的来苏儿擦洗 1 次。在没有紫外线的地方,最简便的消毒方法就是用 3%～5%苯酚(石炭酸)溶液或 0.5%新洁尔灭溶液,或 1%来苏儿溶液喷雾,30 分钟后进行操作。如果发现接种室杂菌污染严重,则可用福尔马林熏蒸灭菌,每立方米空间用福尔马林 10 毫升,加水 70～100 毫升。把容器置于火上慢慢熏蒸(一定不能留有白色沉淀,否则效果不好)。或者每立方米空间用高锰酸钾 5 克,加入福尔马林 10 毫升,任其自然挥发。这种方法灭菌虽彻底,但要隔 2～3 天甲醛气味散失后,人员才能进室操作,影响生产流程,所以不常用,不过每月若能处理一次则大有好处。

总之,从事微生物工作一定要确立无菌操作观念,特别是制作菌种工作的人员更应如此。如进接种室要带口罩,手要用酒精消毒等,尽量避免人为染菌,这是工作成败的关键之一。

第三节 几种常用的接种方法

一、斜面菌种接玻璃瓶

一般真菌二级种接种时,都是由斜面菌苔转接出来。这时可把试管菌种置于接种台上,拔出棉塞,接种铲在酒精灯上烧灼灭菌后,插入培养基底部放冷,然后铲取一块带菌苔的培养基,迅速置入玻璃瓶培养料中

图6-4 斜面菌种接玻璃瓶示意图

间即可(图6-4)。若菌种是扁瓶或茄子瓶斜面,可把此菌种置于接种台上,玻璃瓶置扁瓶上,扁瓶口与玻璃瓶口成一直线对准酒精灯火焰,然后用接种铲铲取1平方厘米菌苔接入(图6-5)。

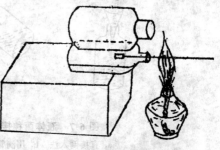

图6-5 扁瓶或茄子瓶菌种接玻璃瓶

二、二级固体母种扩大法

在农村实用微生物生产中,经常碰到麦粒种或其他二级固体母种扩大培养成生产种的工作。这时可把二级固体母种置接种台上,用接种匙铲取数粒麦粒或菌种块接入。对于二级固体母种,还可用长镊子夹取 1 平方厘米左右的菌种块接入,效果也很好(图 6-6)。但接种前一般要先用一根消毒过的钩子或者铁棒把菌种弄松,否则接种困难。

图 6-6 二级固体母种扩大法

三、液体菌种接种法

可用一个消毒漏斗,在接种室内直接倒入菌液。也可采用灭菌滴管进行接种(图 6-7)。

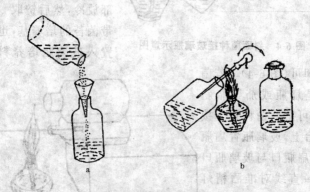

a   b

图 6-7 液体菌种接种法

a. 直接倒入法 b. 用滴管接种法

四、接种槽接种法

在进行三级半消毒开放式接种时，使用这个方法较好。做法是：用水泥或木料建造一个接种槽，大小可根据实际需要自行设计，但不要太宽，以利于操作。有条件时可在室内安上紫外线灯管，不然就在每次接种前用 0.1％ 的高锰酸钾溶液擦洗 1 次，然后用一块经过蒸煮消毒的塑料薄膜置于槽面上，迅速把消毒配料倒在上面，用消毒木棒或擦过酒精的双手搅拌

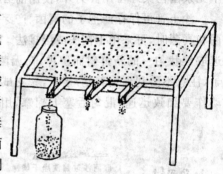

图 6-8　接种槽接种法

冷却。当冷至 45℃ 时，接入菌种，拌匀后装进培养器皿里（图 6-8），立即送入温室培养。

第四节　斜面菌种简易保藏法

在微生物生产工作中，保持菌种的优良特性是极其重要的。由于微生物易受环境影响而产生变异，因此，微生物菌种保存工作要有各种特殊的手段和方法，如低温、干燥和通气不良等。创造一个适于微生物休眠的环境。

一、沙土管法

取河沙在流动清水中充分洗涤，再置阳光下曝晒灭菌，充

分干燥后过 100 目筛,然后装进小试管或小安瓿里,每管 1克。塞好棉塞,包好牛皮纸,在 147 千帕压力下灭菌 1 小时,如此间歇灭菌 3 次。使用前都得先钩取一点沙子接入牛肉汁蛋白胨培养基或马铃薯培养基上,28℃～32℃条件下培养 3 天不见杂菌污染才可用。另外,使用前必须烘干。

　　沙土管可保存产孢子的真菌、产芽孢的细菌等。保存放线菌和真菌时,可采用干接法或湿接法。较简便的是干接法。先选取健壮匀一的新鲜斜面菌种,在无菌室内用接种环轻蘸孢子(注意不要刮到培养基)接入,一支试管斜面接一支沙土管。动作要细致迅速,混匀后塞上棉塞,用蜡封口即可(图 6-9)。

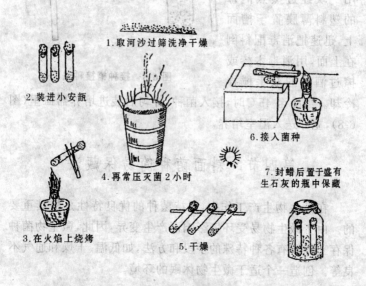

1. 取河沙过筛洗净干燥
2. 装进小安瓿
3. 在火焰上烧烤
4. 再常压灭菌 2 小时
5. 干燥
6. 接入菌种
7. 封蜡后置于盛有生石灰的瓶中保藏

图 6-9　沙土管法

对于产芽孢的细菌,不能使用干接法,而应采用湿接法。方法是:选取良好新鲜母种,在无菌室中注入 3～5 毫升无菌水,刮下菌苔放入无菌水中,拌匀成浓菌液,然后用无菌吸管吸取0.5 毫升菌液注入沙土管中,塞上棉塞,尽快在 50℃条件下烘干,摇匀,用蜡封口。

制备后的沙土管菌种,可置冰箱或阴凉处。最好用一个大广口瓶,底部盛装新鲜生石灰或氯化钙,利用其易吸湿的特性保持瓶内干燥,再把沙土管置入,盖严。每 2～3 个月换 1 次生石灰。用这方法保存的菌种,一般 1～2 年不死不变质。

在正常生产情况下,最好制备一批沙土管(或石蜡油管)

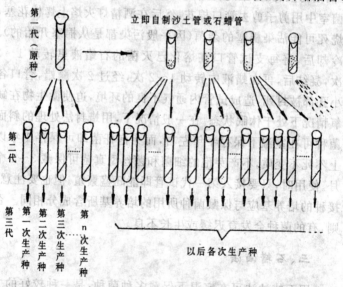

图 6-10 菌种传代法示意图

长期保存菌种,制备另一些沙土管供作生产用种。控制传代次数有助于保持菌种优良特性(图 6-10)。使用时只要用接种环蘸取少许沙粒接入新鲜斜面培养基上即可。但培养基必须和原来制沙土管时的菌种斜面培养基相同,否则效果不好。

二、蜡封法

沙土管保存菌种有保藏时间较长不易变质的优点,但用长期保存的菌种接入斜面后往往开始发育缓慢,且第一代菌苔生长不理想,需接第二代以后才能旺盛繁殖。所以,为方便生产,最好制一些斜面菌种做短期保藏。备有冰箱时,可直接放入冰箱,可保存 3～6 个月。在没有冰箱的地方,可选取新鲜、活力强、无污染的斜面菌种若干支,用酒精表面消毒,在无菌室中用剪子剪去管口棉花,然后在酒精灯火焰上烤棉花塞,烧死可能沾染棉塞的杂菌(因一般污染都是从棉塞开始的)。冷却后,将每支试管口在熔化已灭菌的石蜡液里转动 1～2 次,凝结后,再在蜡液中转动 1～2 次,经过 2 次蘸蜡,管口各小孔都被封死,造成试管内通气不良的环境,迫使微生物在缺氧情况下处于休眠状态。在一般情况下,用蜡封法处理的斜面菌种可在室温下保存半年左右,而芽孢杆菌却可保存 1 年以上不死不变质,不产芽孢的细菌和菌丝型真菌可保藏 3～4 个月。使用时,只要接入第一代试管即能旺盛繁殖。但也要注意,接种的培养基应与保藏菌种所用的培养基所含成分相同。否则,有的菌种会发育迟缓或生长不良。

三、石蜡油法

用石蜡油法可在室温下保藏多种菌种,是一种较好的方法。但操作要特别小心,否则易污染。操作步骤是:取试管盛装石蜡油,每支试管所装石蜡油以能注入一支斜面菌种为好;然后间歇高压灭菌 3 次;冷却后,在无菌室中将石蜡油注入新鲜无污染的试管斜面菌种里,石蜡油需比培养基高出1厘米;剪去管口棉花,用塑料布封口扎紧,置阴凉处或冰箱保藏。若制作数量多时,也可用三角瓶或玻璃瓶盛装液体石蜡灭菌,然后用10毫升无菌吸管移入斜面菌种管内。

四、米饭菌种保藏法

用这种方法保存菌种,具有简便易行、不需贵重设备、保藏时间较长、性状不易退化等优点,保存1年的菌种活力还很旺盛。缺点是不易发现污染。所以,培养基消毒应特别严格。做法是:取新鲜大米或小米0.5千克,加沸水0.25~0.3升,浸渍2小时,捞起控干,隔水蒸5~7分钟,装管后用筷子压成斜面,在118千帕压力下灭菌1小时,然后挑取几粒放进牛肉膏蛋白胨培养基里培养,32℃~35℃条件下培养3天,不见杂菌污染,即可用来接种要保存的菌种。接种用的菌种需新鲜。用接种针刮取菌苔,轻涂抹米饭表层2~3次,然后置适温中培养,至菌丝或孢子刚长满斜面表面时,剪去管口棉花,烧烤棉塞,冷却后用蜡封口,就可置阴凉处保藏。使用时钩取1~2粒米饭接入原菌种培养基即可(图6-11)。

五、生理盐水菌种保藏法

该方法以菌丝球作为保藏菌体,以无菌生理盐水作为保藏液。可保藏多种真菌,保藏期长达33个月。实际工作中,我们用生理盐水保存琼脂斜面菌种,效果也很好。做法是:斜面培养基灭菌后,使直立凝固,接种菌种后培养至成熟,即倒入灭菌的生理盐水,使水面高出菌苔1~2厘米,剪去管口棉塞后蜡封,置室温保藏(图6-12)。

1.0.5千克米加沸水
300毫升浸 2 小时

2.捞起控干

3.蒸 5～7 分钟

4.装管后在 118 千帕压
力下灭菌 1 小时

5.接种

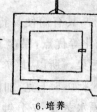
6.培养

7.菌种布满表面后，剪去
外面棉花塞，封蜡保藏

图 6-11　米饭菌种保藏法

第五节　菌种简易分离法

在微生物生产过程中，由于菌种污染，要分离纯菌种，或者结合生产进行菌种选育工作，这些都要用到分离技术。现介绍适合在农村推广的两种简便做法。

一、沙土管分离法

先制备沙土管备用。将要分离的菌种接入一管，充分摇匀，取扁瓶或大试管斜面培养基若干，在无菌室中用接种环蘸取少许沙粒，在瓶里不同位置均匀地轻轻摇动，注意不要在同一地方摇动两次。然后置保温箱培养，待长出单菌落，即移入新管。如果不能形成单菌落，就是接入沙土管的菌种太多，或是蘸取的沙砾太多，应采取相应措施改正再分离。这种方法对

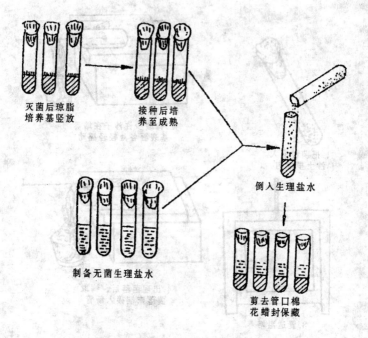

灭菌后琼脂
培养基竖放

接种后培
养至成熟

倒入生理盐水

制备无菌生理盐水

剪去管口棉
花蜡封保藏

图 6-12　生理盐水菌种保藏法示意图

真菌菌种分离较合适（图 6-13）。

二、盐水瓶分离法

取 500 毫升细口盐水瓶 2～3 个，每瓶装清水 50 毫升，再取粗玻璃珠 50 粒或洗干净的粗沙粒 50 粒放入，灭菌后即可进行分离。待盐水瓶内水温降至 35℃以下时，用接种环或接种针钩取少量菌苔，接入盐水瓶，充分摇动 5～10 分钟，注意不要将瓶中的液体溅到瓶口棉塞上，然后用接种环蘸取盐水瓶中的液体接到 2～3 支试管中，在 30℃左右温度下培养 2～3 天，试管中出现菌苔后用接种针挑取单个菌落，接到新的试

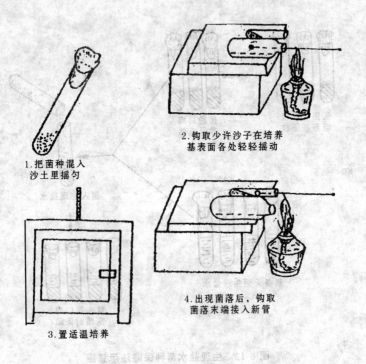

1.把菌种混入
沙土里摇匀

2.钩取少许沙子在培养
基表面各处轻轻摇动

3.置适温培养

4.出现菌落后，钩取
菌落末端接入新管

图 6-13　沙土管分离法

管中。在 30℃ 左右温度下培养 2～3 天，长出菌苔后即可放入
冷藏箱备用。这种方法对一般农村进行微生物的菌种分离都
适宜(图 6-14)。

菌种的分离提纯是经常进行的工作。在生产过程中，经常
看到接种后的琼脂培养基上有单个菌落出现。经过观察，有的
生长迅速，有的产色素，有的菌落大而丰满。这些现象都不要
错过，可立即转管培养，往往能从中选出较好的菌株来。

所有操作均应在无菌条件下进行，其要点是在火焰附近
进行熟练的无菌操作，或在无菌箱或操作室内无菌的环境下

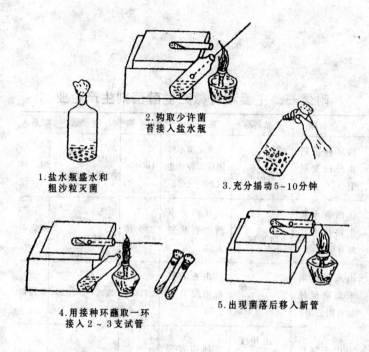

1.盐水瓶盛水和
粗沙粒灭菌

2.钩取少许菌
苔接入盐水瓶

3.充分摇动5~10分钟

4.用接种环蘸取一环
接入2~3支试管

5.出现菌落后移入新管

图 6-14 盐水瓶分离法

进行操作。操作箱或操作室内的空气可在使用前一段时间内
用紫外线灯或化学药剂灭菌。用以挑取和转接菌种的接种环
及接种针,一般采用易于迅速加热和冷却的镍铬合金等金属
制备,使用时用火焰灼烧灭菌。

附　录

附录一　主要秸秆微贮发酵菌剂生产企业

企业名称	产品名称	联系地址	邮编	电话	联系人
北京科诺创业科技发展中心	科诺秸秆发酵剂	北京市木樨园珠江骏景北区2B-1802	100068	010-67253355 87805085/8	谢静
江西省天意生物技术开发有限公司	天意EM原露	江西省南昌市省政府大院	330046	0791-6250088 6251088	刘晓宇
山东天达采禾动物保健品有限公司	采禾秸秆发酵剂	山东省高密市民营科工园	261500	0536-2826296	单德章
王中王饲料供应中心	王中王生物秸秆发酵剂	河南省安阳市文峰区	455000	0372-2962286	王占岗
北京罗萌创业生物技术开发有限公司锦州分公司	秸秆发酵剂	辽宁省锦州市凌河区花园里60-120号	121000	0416-2847731	罗秋实
辽宁汇博三色农业发展中心	沈农牌秸秆饲料发酵促进剂	沈阳市东陵区东陵路120号	110161	024-88443508	金永植

企业名称	产品名称	联系地址	邮编	电话	联系人
内蒙古兴牧生物技术有限公司	兴牧宝秸秆调制剂	呼和浩特市鄂尔多斯路	010030	0471－3682838	胡　明
武汉市华巨生物技术有限公司	秸秆微贮宝	武汉市洪山区珞狮南路特一号	430070	027－87385486	张少华
北京白色农业研究所	福盈牌秸秆饲料发酵剂	延庆县香苑街4号	102100	010－69146590	李秀平
新疆农科院微生物应用研究所	秸秆发酵活干菌	乌鲁木齐市南昌路38号	830000	0991－4546798	魏　东
北京昆仑秸秆微生物应用技术研究室	秸秆发酵剂	北京市海淀区中关村南大街12号中国农业科学院178号信箱	100081	010－62192369	黄绍杞

说明:本表仅供读者在购买秸秆微贮发酵菌剂时参考。秸秆微贮发酵菌剂供应企业差别很大。初次最好少量引种,并索要相关资料,进行对比试验。进而筛选出信誉好、菌剂可靠、重视售后服务的厂家

附录二 我国饲料粉碎机生产企业及产品型号

企业名称	产品名称	商 标	型 号
江苏牧羊集团有限公司	锤片式粉碎机	牧 羊	SFSP132×36
上海展望集团机械制造有限公司	锤片式粉碎机	展 望	FS-50
山东省诸城康佛特机械电器股份有限公司	锤片式粉碎机	淮 河	9FQ40-20A
安徽省阜阳市兴华机械厂	锤片式粉碎机	奔 富	9F40-22
青岛大华双环机器有限公司	齿爪式粉碎机	双 环	FFC45A-1
宁阳县方圆机械电子有限公司	齿爪式粉碎机	-	9FZ-45A
即墨市康利农机制造有限公司	齿爪式粉碎机	凯 利	FFC-15
浙江省余杭市水泵厂	锤片式饲料粉碎机	双 环	SF45-14
广东省德庆县第一农机修理制造厂	锤片式饲料粉碎机	西 江	9FQ-50
四川蓬安天府机器有限责任公司	锤片式饲料粉碎机	天 府	9FQ30-15
四川蓬安天府机器有限责任公司	锤片式饲料粉碎机	天 府	9FQ40-20
上海正诚机电制造有限公司	锤片式饲料粉碎机	正 诚	SFSP112×34
福州粮油机械厂	锤片式饲料粉碎机	-	9FQ40-20
临湘市饲料机械有限责任公司	锤片式饲料粉碎机	腾 富	SFSP56-11
四川省蓬安锦山机械厂	锤片式饲料粉碎机	91	9FQ-40
广西绿珠股份有限公司	锤片式饲料粉碎机	三 轮	9FQ37-16B
广西壮族自治区横县机械厂	锤片式饲料粉碎机	丰 喜	9FQ40-20
广西灵山县机械实业总公司	锤片式饲料粉碎机	-	9F-37-2
阳山县连江机械有限公司	爪式饲料粉碎机	连 江	9FZ-35
四川裕丰机械厂	家用粉碎机	峰 牌	9FZ-15
广安市广安区农业机械厂	齿爪式饲料粉碎机	飞 环	9FZ-35A
浙江丰利粉碎机设备有限公司	气流涡旋微粉碎机	驼 峰	QWJ-30
顺德市永胜饲料实业有限公司	超微粉碎机	永 胜	WCFP75×35

附录三　我国铡草机生产企业及产品型号

企业名称	商标	产品名称	型号
洛阳四达农机有限公司	四达	铡草机	9Z-6A
凤城市宏宇器具厂	宏宇	风送式铡草机	93ZP-1.8
辽宁凤城东风机械厂	飞马牌	铡草机	93ZP-1
乌兰浩特市宏立实业有限责任公司	宏立	铡草机	93ZT-1000
凤城市农机制造有限公司	长征	风送式铡草机	93ZP-2.4
山东省肥城铡草机厂	六兴	铡草机	93ZP-8000
西安市畜牧乳品机械厂	九棱	铡草机	9ZC-6
丹东市振安区耀宇农机厂	三兴	风送式动力铡草机	9ZP-1.8
招远市泉山机械厂	泉港	轻小型铡草机	93Z-0.4
石家庄五业农牧机械有限公司	五业	青贮切碎机	9DQ-100
丹东市三环实业有限公司	江城	圆盘式铡草机	ZP-0.8
鹿泉市农牧机械厂	金鹿	铡草机	93ZP-600A
科左后旗新兴农牧业机械制造有限公司	牧发	青干饲料切碎机	9QY-70
新乡市兴田机械制造有限责任公司	小店	青饲料切碎机	93QS-3
北京市旭世盛畜牧机械有限公司	-	青饲料切碎机	93QS-9000
安达市牧业机械制造有限公司	金利	青干饲料铡切揉搓机	9QSL-50
临夏市农机制造有限责任公司(甘肃)	大夏河	铡草机	9ZP-1.0
宁夏吴忠雄鹰农机制造有限公司	雄鹰牌	铡草机	93ZC-1.0
诸城市粉碎机总厂	恐龙	铡草机	93ZP-0.8
九台市沐石河铁木农具厂(吉林)	五一牌	风送三型铡草机	9WFZ-1.5t
山西省平遥县保成实业有限责任公司	保成	铡草机	93ZP-1.0
博爱县长红机械厂(河南)	长红牌	铡草机	9Z-1.0

企业名称	商 标	产品名称	型 号
潍坊市寒亭区齐鲁机械厂	鲁 潍	铡草机	9Z-1
齐齐哈尔市北方牧业机械一厂	北 方	铡草机	9ZP-1.6
石家庄市春海机械厂	—	青贮铡草机	93ZP-1.6
凤城市石城镇农机修造配件厂	农 亮	铡草机	ZC-0.8
郑州市微特电机制造有限公司	航 天	青贮高效铡草机	9ZQ-100

附录四 秸秆发酵剂生产技术

秸秆发酵剂分为固体和液体两种。固体秸秆发酵剂俗称秸秆发酵曲,可以直接用来生产秸秆发酵饲料或秸秆微贮,操作简单,使用方便。液体发酵剂是专业发酵设备生产的,活力高,杂菌少。

固体发酵剂生产中,制曲是创造真菌最合适的环境与条件,使我们所需要的真菌在制曲过程中大量繁殖,制曲的原理与制作发酵饲料相似,不同的是制曲要使真菌增殖得更快,所以条件要更好,培养时间较长。多数情况下,要使真菌中的霉菌完成一代的生长,即最终产生孢子;如果是酵母菌,则要使酵母菌增殖许多代。

一、好氧固体秸秆发酵剂的生产及其应用

斜面菌种→液体菌种→一级液体培养→二级液体培养→三级液体培养→大缸发酵→固体发酵→自然烘干→粉碎。将3种菌种的发酵产物及辅料混合均匀后就成为微生物秸秆发酵剂。

(一)微生物秸秆发酵剂的制备工艺

1. 斜面菌种 使用酵母、黑曲霉、米曲霉的斜面菌种做培养菌。该3种菌种是好氧菌,在应用中主要是依靠3种菌产生的酶系以及菌种产生的微生态作用,使秸秆软化和适口,增加秸秆饲料中的有益菌的含量。培养时使用总含糖量10%~20%的麦芽汁培养基,3种菌种液的接种量分别为5%~20%,在25℃~35℃条件下,摇床培养20~24小时,放入4℃冰箱中保存。

2. 一级液体菌种培养 使用总含糖量10%~20%的麦芽汁培养基或淀粉水解糖化液,3种菌种的种子液的接种量分别为5%~20%,在25℃~35℃条件下,摇床培养20~24小时;或在25℃~35℃条件下,静止培养24~48小时。

3. 二级液体菌种培养 使用含糖量10%~20%淀粉水解糖化液,一级液体菌种的接种量为5%~20%,在25℃~35℃的条件下,摇床培养20~24小时;或在25℃~35℃的条件下,静止培养24~48小时。

4. 三级液体菌种培养 使用含糖量10%~20%淀粉水解糖化液,二级液体菌种的接种量为5%~20%,在25℃~35℃的条件下,摇床培养20~24小时;或25℃~35℃的条件下,静止培养24~48小时。

5. 发酵罐或大缸液体菌种培养 使用含糖量10%~20%淀粉水解糖化液,三级液体菌种的接种量为5%~20%,在25℃~35℃的条件下,搅拌培养20~24小时,或在25~35℃的条件下,静止培养24~48小时。

6. 固体发酵 使用的发酵培养基配方以重量份数计:豆饼粉20~35份,麦芽根粉20~30份,酒糟20~25份,秸秆粉10~20份,尿素或硫酸铵0.5~1份。按原料重的50%~

150%对水。菌种液的接种量为 30%～40%，在 25℃～35℃的条件下，静止培养 48～72 小时。

7. 烘干及粉碎　将分别培养的 3 种固体发酵产物，在自然条件下或在 45℃条件下烘干，水分小于 10%，然后粉碎备用。

8. 混合　根据需要将 3 种发酵剂产物按重量份数配比 2∶4∶4 的比例混合，其添加的辅料为 1 重量份的氯化钠、0.5 重量份的尿素、1 重量份的糖，混合均匀即为微生物秸秆发酵剂。

(二)秸秆发酵剂的应用

1. 菌液的配制　每吨秸秆需用 1 千克秸秆发酵剂。菌种复活：1 千克发酵剂倒入事先配好的 5 千克 10%的白糖水溶液中，经充分溶解后在常温下放置 1～2 小时后使用，可提高菌种的复活率。复活菌种的量需要根据当天能处理秸秆的数量来确定。菌液配制：把已经复活好的菌液，加入到 1 300 升 0.2%的食盐水溶液中搅匀备用。

2. 秸秆质量要求　新鲜，不霉烂变质。

3. 秸秆的铡短　根据饲喂要求进行铡短，养牛一般为 5～8 厘米长，养羊一般为 2～3 厘米长。铡短后便于压实，以确保秸秆发酵质量。

4. 堆积发酵　秸秆在室内水泥地上堆积，长宽高根据室内水泥地面而定，一般宽 1.5 米，高 1.2 米，长自定。底下可先铺放一层 10 厘米厚的干草，然后分层进行装料（每层装秸秆 30 厘米厚），分层撒玉米面或麦麸（用量为秸秆重量的 0.5%），分层喷洒菌液（喷洒量使秸秆含水量达到 60%～70%）。当装料达到预计的长、宽、高要求时，将秸秆垛用塑料布封好，主要是保温、保湿和隔绝空气，以利于秸秆的发酵。

5. 开封与质量要求　在气温高的夏、秋季节,一般 2 天后开封;在气温低的冬季,需要 5～6 天后开封使用。开封后首先要进行质量检查,优质的秸秆微贮料色泽金黄,有酒香味,手感松散、柔软、湿润;如果秸秆呈黑褐色、有霉味或腐臭味,手感发粘,或结块干燥翘硬,则为质量差,不能用作饲料。

二、秸秆微贮发酵剂生产及应用实例一

复合秸秆发酵剂是由酵母菌、乳酸菌和瘤胃菌群等组成。

(一)培养基的制备　酵母菌、乳酸菌、瘤胃菌群的基础培养基选用米曲汁培养基。

1. 米曲汁的制备　取小米 500 克淘净,加入 6.5 千克水,常压下煮 40 分钟,煮成粥状,待冷至 65℃左右加入 500克大米黄曲,于 65℃保温糖化 2～4 小时,然后过滤,取上清液,即为米曲汁。

2. 酵母菌培养基的制备

(1)斜面培养基　取米曲汁 500 毫升,盛入 1 000 毫升烧杯中,按 1.6% 的比例加入琼脂 8 克,将烧杯放入电炉上加热。在加热过程中要对米曲汁不断搅拌,待琼脂完全溶化后,关掉电炉,将米曲汁倒入分液漏斗,然后以每支 6 毫升为量,分别倒入 15 毫米×150 毫米的试管中(注意试管先要洗净、晾干,塞好棉塞),预计可装 100 支。然后塞上棉塞,放入高压灭菌锅中高压灭菌,趁热摆成斜面,倾角在 10°～25°为宜。待凝固后放入培养箱中培养 2 天(28℃),然后将表面无菌苔及暗斑的斜面挑出,放入冰箱备用。

(2)液体培养基　将 20 毫米×200 毫米的大试管洗净晾干,塞上棉塞烘干备用。

(3)酵母菌液体培养基的制备　称取牛肉膏 6 克,蛋白胨

10 克,用温水化开后加入到盛有米曲汁 2 000 毫升的大烧杯中,搅拌均匀,然后分别加入到 40 支 20 毫米×200 毫米的大试管中,塞好棉塞于 121 C 下灭菌备用。

3. 乳酸菌培养基的制备

(1)斜面培养基　与酵母斜面培养基的制备相同。

(2)液体培养基　取米曲汁 1 000 毫升,加入牛肉膏 3 克,蛋白胨 5 克,混合后装进 20 支 20 毫米×200 毫米的大试管中。灌装灭菌操作与酵母菌液体培养基的操作相同。

4. 瘤胃菌群培养基的制备　用米曲汁培养基加 1% 的食盐,控制 pH 值 7。

(二)菌种的扩大培养

1. 酵母菌种的制备

$$\text{酵母菌原种} \xrightarrow{\text{活化}} \text{斜面菌种} \xrightarrow{\text{培养}} \text{液体菌种} \xrightarrow{\text{培养}} \text{成熟酵母菌种}$$

(时间 5 天左右)

2. 乳酸菌种的制备

$$\text{乳酸菌原种} \xrightarrow{\text{活化}} \text{斜面菌种} \xrightarrow{\text{培养}} \text{液体菌种} \xrightarrow{\text{培养}} \text{成熟乳酸菌种}$$

(时间 10 天左右)

3. 瘤胃菌群的制备　将黑曲霉、米曲霉、木霉、假丝酵母按 5∶1∶8∶6 的比例混合,培养成熟菌种(时间 5～6 天)。

4. 生产菌种的制备　将瘤胃菌群、酵母菌、乳酸菌按 5∶1∶2 的比例混合,稳定 2 小时后,将其接入 200 克麦麸、250 克玉米面、15 克鱼粉中,混合均匀,即可装袋作为生产菌种备用。

（三）秸秆微贮饲料的生产　秸秆微贮饲料的生产是将50克生产菌种加入100克红糖、5升35℃温水中活化1～2小时，然后将活化好的菌种均匀地掺入粒径小于2毫米的秸秆粉900千克、玉米粉100千克、水1300升中混合均匀，然后迅速装入发酵容器中压实密封，温度控制在30℃～40℃，发酵10～15天即可。

三、秸秆微贮发酵剂生产及应用实例二

利用多菌种联合厌氧发酵所选用的菌种为：双歧纤维单胞菌、产黄纤维单胞菌、凝结芽孢杆菌、嗜酸乳杆菌、枯草芽孢杆菌、淀粉乳杆菌、复合酶菌、丙酸菌、郎可比假丝酵母、拟内孢霉等作为菌源，利用现代生物技术，发酵液采用真空冷冻干燥制备菌剂，再与农作物秸秆厌氧发酵制得牛、羊秸秆微贮饲料。

（一）制备复合秸秆发酵剂

1. 菌种选择　选用双歧纤维单胞菌、产黄纤维单胞菌、凝结芽孢杆菌、嗜酸乳杆菌、枯草芽孢杆菌、淀粉乳杆菌、复合酶菌、丙酸菌、郎可比假丝酵母和拟内孢霉等作为种源。

2. 制备工艺

斜面菌种→液体菌种→一级液体培养→二级液体培养→三级液体培养→发酵罐发酵→离心→真空冷冻干燥→粉碎

将10种菌粉混合均匀制成多菌种秸秆发酵剂，其具体的制备工艺如下。

（1）斜面菌种　双歧纤维单胞菌与产黄纤维单胞菌，斜面保存使用稻草粉琼脂培养基。液体培养与发酵使用蛋白胨1%、葡萄糖1%、酵母膏0.5%、pH值7的培养基。凝结芽孢杆菌，斜面保存和液体培养与发酵使用酵母膏1%、蛋白胨

1%、葡萄糖 0.6%、磷酸氢二钾 0.2%、硫酸镁 0.1%的培养基。嗜酸乳杆菌,菌种保存使用 10%奶粉培养基,液体培养与发酵使用牛肉膏 1%、蛋白胨 1%、葡萄糖 2%、酵母膏 0.5%、奶粉 1%的培养基。枯草芽孢杆菌、淀粉乳杆菌和复合酶菌,斜面保存和液体培养与发酵都使用肉汤培养基。丙酸菌斜面保存和液体培养与发酵,都使用蛋白胨 1%、酵母膏 1%、蔗糖 2%、磷酸铵 0.5%的培养基。郎可比假丝酵母与拟内孢霉,斜面保存使用 10%麦芽汁培养基,液体培养与发酵使用蛋白胨 2%、酵母膏 2%、葡萄糖 2%的培养基。所有的斜面菌种在 28℃～30℃条件下静止培养 20～24 小时后,放入 0℃～4℃冰箱中保存。

（2）一级液体菌种培养　挑取 2 环斜面培养基的菌种于相应的培养基中,在 28℃～30℃条件下摇床培养 20～24 小时;再于相应的培养基中按其 5%～10%的量接种,在28℃～30℃条件下摇床培养 20～24 小时,进行一级液体培养。

（3）二级液体菌种培养　于相应的培养基中按其 5%～10%的量接种,在 28℃～30℃条件下摇床培养 20～24 小时,进行二级液体培养。

（4）三级液体菌种培养　于相应的培养基中按其 5%～10%的量接种,在 28℃～30℃条件下摇床培养 20～24 小时,进行三级液体培养。

（5）发酵罐发酵　于相应的培养基中按其 5%～10%的量接种,在 28℃～30℃条件下摇床培养 20～24 小时,进行液体培养发酵。

（6）离心、真空冷冻干燥及粉碎　将发酵液直接导入离心机进行离心后进真空冷冻干燥机中进行处理,至最终含水量在 3%,然后进行粉碎。

（7）混合　将上述 10 种菌粉混合，即为发酵剂。

（二）秸秆发酵剂的应用　将农作物秸秆铡成 3～5 厘米长或粉碎成 20 目的秸秆粉，每吨添加 1 包混合好的发酵剂 3 克。农作物秸秆与水的混合比例为 1∶0.5～1，混合均匀后，在 7℃～40℃厌氧条件下进行发酵 7～35 天，即可饲喂牛、羊等家畜。

四、秸秆微贮发酵剂生产及应用实例三

（一）发酵剂菌种组成　产黄纤维单胞菌 15％～45％、解淀粉芽孢杆菌 15％～35％、凝结芽孢杆菌 5％～15％、植物乳杆菌 5％～15％、嗜酸乳杆菌 5％～15％、费氏丙酸杆菌 15％～35％、粪链球菌 15％～35％、产朊假丝酵母 10％～30％。

（二）发酵剂生产

斜面菌种培养 →液体一级菌种（摇瓶）培养→液体二级（种子罐）培养→发酵罐培养→高速离心→真空冷冻干燥→粉碎→菌数测定→菌种按比例组合→包装→成品发酵剂

其具体的制备工艺如下。

1. 斜面菌种培养　各菌种使用相应培养基并加入 1.5％～2.5％琼脂，接种量 5％～10％，在 25℃～35℃条件下静止培养 20～48 小时，放入 4℃冰箱保存。

2. 摇瓶培养　转速 80～180 次/分钟，接种量 1％～3％，25℃～40℃温度条件下培养 19～30 小时。

3. 发酵罐培养　通风量 9～13 米³/小时，罐压 20～90 千帕，接种量 1.5％～7.5％，温度 25～40℃条件下培养 19～33 小时。

4. 菌种按比例组合　将测定菌数合格的产黄纤维单胞

菌 0.5～1 份、解淀粉芽孢杆菌 0.5～1.5 份、凝结芽孢杆菌 0.5～1.5 份、植物乳杆菌 0.5～1.5 份、费氏丙酸杆菌 1.5～3.5 份、粪链球菌 1.5～3.5 份、嗜酸乳杆菌 0.5～1.5 份、产朊假丝酵母 1～3 份进行组合制成发酵剂。

发酵剂一般为灰白色粉末，无味或略带酸味，活菌数达每克 120 亿个，灰分含量小于 8%，水分含量在 10% 以下。

（三）发酵剂的配制　发酵剂按重量配比组成：产黄纤维单胞菌 0.235 克，解淀粉芽孢杆菌 0.3525 克，凝结芽孢杆菌 0.3525 克，植物乳杆菌 0.3525 克，费氏丙酸杆菌 0.8225 克，粪链球菌 0.8225 克，嗜酸乳杆菌 0.3525 克，产朊假丝酵母 0.705 克。

（四）发酵剂的使用方法　1 000 千克干秸秆粉碎成 1～5 厘米小段，用发酵剂 1 千克、白糖 1 千克、玉米 20 千克、尿素 5 千克、食盐 5 千克的辅料和水 1 200 升，均匀混合，装入容器或入池进行发酵。必须压实并隔绝空气，发酵时间 7～30 天，即可饲喂牛、羊等家畜。

主要参考文献

1　郭庭双．秸秆畜牧业．上海科学技术出版社

2　饶应昌,庞声海．饲料资源的开发与加工技术．湖北科学技术出版社

3　余伯良．微生物饲料生产技术．中国轻工业出版社

4　单德章．采禾秸秆生物饲料应用图册．台海出版社

5　董玉珍,岳文斌．非粮型饲料高效生产技术．中国农业出版社

金盾版图书，科学实用，
通俗易懂，物美价廉，欢迎选购

塑料暖棚养猪技术	8.00 元	及其防制	5.50 元
猪良种引种指导	9.00 元	仔猪疾病防治	11.00 元
瘦肉型猪饲养技术(修订版)	7.50 元	养猪防疫消毒实用技术	8.00 元
猪饲料科学配制与应用	11.00 元	猪链球菌病及其防治	6.00 元
中国香猪养殖实用技术	5.00 元	猪细小病毒病及其防制	6.50 元
肥育猪科学饲养技术(修订版)	10.00 元	猪传染性腹泻及其防制	10.00 元
小猪科学饲养技术(修订版)	8.00 元	猪圆环病毒病及其防制	6.50 元
母猪科学饲养技术(修订版)	10.00 元	猪附红细胞体病及其防治	7.00 元
猪饲料配方 700 例(修订版)	10.00 元	猪伪狂犬病及其防制	9.00 元
猪瘟及其防制	7.00 元	图说猪高热病及其防治	10.00 元
猪病防治手册(第三次修订版)	16.00 元	实用畜禽阉割术(修订版)	10.00 元
猪病诊断与防治原色图谱	17.50 元	新编兽医手册(修订版)	49.00 元
养猪场猪病防治(第二次修订版)	17.00 元	兽医临床工作手册	42.00 元
猪防疫员培训教材	9.00 元	畜禽药物手册(第三次修订版)	53.00 元
猪繁殖障碍病防治技术(修订版)	9.00 元	兽医药物临床配伍与禁忌	22.00 元
猪病针灸疗法	3.50 元	畜禽传染病免疫手册	9.50 元
猪病中西医结合治疗	12.00 元	畜禽疾病处方指南	53.00 元
猪病鉴别诊断与防治	13.00 元	禽流感及其防制	4.50 元
猪病鉴别诊断与防治原色图谱	30.00 元	畜禽结核病及其防制	10.00 元
断奶仔猪呼吸道综合征		养禽防控高致病性禽流感 100 问	3.00 元
		人群防控高致病性禽流感 100 问	3.00 元
		畜禽衣原体病及其防制	9.00 元
		畜禽营养代谢病防治	7.00 元
		畜禽病经效土偏方	8.50 元

中兽医验方妙用	10.00元	畜禽屠宰检疫	10.00元
中兽医诊疗手册	39.00元	动物疫病流行病学	15.00元
家畜旋毛虫病及其防治	4.50元	马病防治手册	13.00元
家畜梨形虫病及其防治	4.00元	鹿病防治手册	18.00元
家畜口蹄疫防制	8.00元	马驴骡的饲养管理	
家畜布氏杆菌病及其防		（修订版）	8.00元
制	7.50元	驴的养殖与肉用	7.00元
家畜常见皮肤病诊断与		骆驼养殖与利用	7.00元
防治	9.00元	畜病中草药简便疗法	8.00元
家禽防疫员培训教材	7.00元	畜禽球虫病及其防治	5.00元
家禽常用药物手册（第		家畜弓形虫病及其防治	4.50元
二版）	7.20元	科学养牛指南	29.00元
禽病中草药防治技术	8.00元	养牛与牛病防治（修订	
特禽疾病防治技术	9.50元	版）	8.00元
禽病鉴别诊断与防治	6.50元	奶牛场兽医师手册	49.00元
常用畜禽疫苗使用指南	15.50元	奶牛良种引种指导	8.50元
无公害养殖药物使用指		奶牛肉牛高产技术（修	
南	5.50元	订版）	10.00元
畜禽抗微生物药物使用		奶牛高效益饲养技术	
指南	10.00元	（修订版）	16.00元
常用兽药临床新用	14.00元	怎样提高养奶牛效益	11.00元
肉品卫生监督与检验手		奶牛规模养殖新技术	21.00元
册	36.00元	奶牛高效养殖教材	5.50元
动物产地检疫	7.50元	奶牛养殖关键技术200	
动物检疫应用技术	9.00元	题	13.00元

　　以上图书由全国各地新华书店经销。凡向本社邮购图书或音像制品，可通过邮局汇款，在汇单"附言"栏填写所购书目，邮购图书均可享受9折优惠。购书30元（按打折后实款计算）以上的免收邮挂费，购书不足30元的按邮局资费标准收取3元挂号费，邮寄费由我社承担。邮购地址：北京市丰台区晓月中路29号，邮政编码：100072，联系人：金友，电话：(010)83210681、83210682、83219215、83219217(传真)。